ISSN 0371-327X

SITZUNGSBERICHTE DER SÄCHSISCHEN AKADEMIE
DER WISSENSCHAFTEN ZU LEIPZIG

Mathematisch-naturwissenschaftliche Klasse
Band 117 • Heft 2

HERBERT BECKERT

NICHTLINEARE ELASTIZITÄTSTHEORIE

AKADEMIE-VERLAG · BERLIN
1984

SITZUNGSBERICHTE DER SÄCHSISCHEN AKADEMIE DER WISSENSCHAFTEN ZU LEIPZIG

MATHEMATISCH-NATURWISSENSCHAFTLICHE KLASSE

Band 110

Heft 1 Prof. Dr.-Ing. Dr. h. c. PAUL GÖRLICH, Über die Laser und ihre Anwendung
1972. 24 Seiten – 8° – M 2,30

Heft 2 Prof. Dr. HASSO ESSBACH, Zum Problem der Tumoren im Kindesalter
1972. 24 Seiten – 11 Abbildungen auf 10 Kunstdrucktafeln – 8° – M 6,–

Heft 3 Prof. Dr. med. WALTER BREDNOW, Zur Anthropologie des Schwindels
1973. 17 Seiten – 2 Abbildungen auf 2 Kunstdrucktafeln – 8° – M 2,50

Heft 4 Prof. Dr.-Ing. Dr. h. c. PAUL GÖRLICH, Betrachtungen über den Wissenschaftlichen Gerätebau
1972. 39 Seiten – 8° – M 3,–

Heft 5 Prof. Dr. ERICH RAMMLER, Einige Betrachtungen über Erdgas
1974. 43 Seiten – 8 Abbildungen – 3 Tabellen – 8° – M 4,50

Heft 6 Prof. Dr. GUSTAV E. R. SCHULZE, Zur Rolle des Einfachheitsprinzips im physikalischen Weltbild
1974. 23 Seiten – 4 Abbildungen – 8° – M 2,50

Heft 7 Prof. Dr. med. ROLF EMMRICH, Zwischen Leben und Tod. Ärztliche Probleme der Thanatologie
1974. 22 Seiten – 2 Abbildungen – 4 Tabellen – 8° – M 3,50

Band 111

Heft 1 Prof. Dr. WILHELM MAIER, Vom Erbe Bernhard Riemanns 1975. 16 Seiten – 8° – M 2,50

Heft 2 Prof. Dr. med. HANS DRISCHEL, Organismus und geophysikalische Umwelt
1975. 50 Seiten – 25 Abbildungen – 1 Tabelle – 8° – M 7,–

Heft 3 Prof. Dr. MARIA HASSE, Zum Begriff des allgemeinen Produkts von Kategorien
1975. 32 Seiten – 8° – M 5,–

Heft 4 Prof. Dr.-Ing. Dr. h. c. KURT SCHWABE, Analytische Probleme des Umweltschutzes
1975. 28 Seiten – 9 Abbildungen – 2 Tabellen – 8° – M 3,50

Heft 5 Prof. Dr. WOLFGANG BUCHHEIM, Die kopernikanische Wende und die Gravitation
1975. 36 Seiten – 2 Farbtafeln – 8° – M 5,–

Heft 6 Prof. Dr. HERMANN BERG, Photopolarigraphie und Photodynamic
1975. 19 Seiten – 2 Abbildungen – 2 Tabellen – 8° – M 3,–

Heft 7 Prof. Dr. MANFRED GERSCH, Probleme der Insektizide aus heutiger Sicht
1976. 36 Seiten – 9 Abbildungen – 2 Tabellen – 8° – M 4,–

Band 112

Heft 1 Prof. Dr. WALTER BREDNOW, Spiegel, Doppelspiegel und Spiegelungen – eine „wunderliche Symbolik" Goethes 1975. 28 Seiten – 4 Abbildungen – 8° – M 3,–

Heft 2 Prof. Dr. ARTUR LÖSCHE, Über negative absolute Temperaturen. Eine Einführung
1976. 26 Seiten – 12 Abbildungen – 8° – M 4,–

Heft 3 Prof. Dr. med. HERBERT JORDAN, Kurorttherapie: Prinzip und Probleme
1976. 31 Seiten – 10 Abbildungen – 1 Tabelle – 8° – M 4,50

Heft 4 Prof. Dr. FRIEDRICH WOLF / Dr. PETER FRÖHLICH, Zur Druckabhängigkeit von Ionenaustauschreaktionen 1977. 13 Seiten – 6 Abbildungen – 1 Tabelle – 8° – M 2,–

Heft 5 Prof. Dr. DIETRICH UHLMANN, Möglichkeiten und Grenzen einer Regenerierung geschädigter Ökosysteme 1977. 50 Seiten – 20 Abbildungen – 2 Tabellen – 8° – M 6,50

Heft 6 Prof. Dr. ERICH RAMMLER, Zwei Jahrzehnte Entwicklung des Einsatzes der Energieträger Kohle und Erdöl im Weltmaßstab 1977. 29 Seiten – 6 Abbildungen – 4 Tabellen – 8° – M 4,–

Heft 7 Prof. Dr. ULRICH FREIMUTH, Umweltprobleme in der Ernährung
1977. 32 Seiten – 3 Abbildungen – 4 Tabellen – 8° – M 4,–

ISSN 0371-327X

SITZUNGSBERICHTE DER SÄCHSISCHEN AKADEMIE
DER WISSENSCHAFTEN ZU LEIPZIG

Mathematisch-naturwissenschaftliche Klasse
Band 117 · Heft 2

HERBERT BECKERT

NICHTLINEARE ELASTIZITÄTSTHEORIE

AKADEMIE-VERLAG · BERLIN

1984

Vorgetragen in der Sitzung am 6. März 1981
Manuskript eingereicht am 18. Februar 1983
Druckfertig erklärt am 14. Mai 1984

Erschienen im Akademie-Verlag, DDR-1086 Berlin, Leipziger Straße 3–4

Lizenznummer: 202 · 100/480/84
Printed in the German Democratic Republic
Gesamtherstellung: VEB Druckhaus „Maxim Gorki“, 7400 Altenburg
LSV 1125
Bestellnummer: 763 331 5 (2027/117/2)

00800

INHALTSVERZEICHNIS

In den letzten Jahren wurde vom Verfasser in einer Reihe von Arbeiten ein neuer Zugang zur nichtlinearen Elastizitätstheorie vorgeschlagen. Diese Theorie, eine Extrapolation der linearen Elastizitätstheorie ins Nichtlineare, geht nicht von einem problematisch postulierten analytischen Ausdruck für das elastische Potential U, vgl. Abschnitt A, sondern von dessen zweiter Variation aus. Es gelingt, unter scharf umrissenen Voraussetzungen die elastische Deformation ins Nichtlineare für die drei Randwertaufgaben streng zu beschreiben, sowohl im statisch stabilen, wie im instabilen Bereich. Weiter wurde vom Verfasser im Rahmen dieser Theorie das Anfangswertproblem der allgemeinen dynamischen Gleichungen der nichtlinearen Elastizitätstheorie gelöst; das wird hier auf die nichtlineare Plattentheorie übertragen. In der vorliegenden Zusammenfassung soll weiter der konstruktive anwendungsorientierte Charakter dieser einheitlichen Methoden stärker herausgearbeitet werden, der im Rahmen komplizierter Konvergenzbeweise in den Hintergrund treten muß. Darüber hinaus wird die Theorie in dieser Darstellung nach mehreren Richtungen hin erweitert:

In der Einleitung A charakterisieren wir die Schwierigkeiten, die sich einem strengen Aufbau der nichtlinearen Elastizitätstheorie über die Variationsrechnung entgegenstellen. Im Abschnitt B behandeln wir zunächst die statische Stabilitätstheorie von E. Trefftz und charakterisieren als Anwendung den statischen Stabilitätsbereich einer Platte im Banach-Raum $C^1(\sigma_{ij})$ der sechs Spannungskomponenten. Im Problemkreis der dynamischen Stabilitätstheorie variieren wir die allgemeinen dynamischen Gleichungen der nichtlinearen Elastizitätstheorie und zeigen, daß die statisch stabilen bzw. instabilen Spannungszustände auch zu dynamischen Stabilitäts- bzw. Instabilitätszuständen tendieren. Im Abschnitt C gehen wir im ersten Teil auf die oben genannte nichtlineare Elastizitätstheorie ein und stellen die zugehörigen Näherungstheorien für die drei Randwertaufgaben dar. Der Gültigkeitsbereich dieser Theorie wird durch Übergang zu allgemeineren Strukturen wesentlich erweitert. Die Konvergenzbeweise aus [10, 11, 12] werden kurz skizziert.

Im zweiten Teil von C behandeln wir ein entkoppeltes nichtlineares Thermospannungsproblem für die drei Randwertaufgaben bei langsam wirkenden

Temperaturänderungen. Die Näherungstheorie zur oben genannten Lösung des Anfangswertproblems der allgemeinen dynamischen Gleichungen stellen wir in Abschnitt D dar, auch unter Berücksichtigung der Dämpfung. Dabei werden die Hauptlinien des Konvergenzbeweises in [13] kurz vorgezeichnet. Zur Problematik der durch Reflexion vom Rand in das Elastikum hineinwandernden Unstetigkeiten wird ein vereinfachendes Modell vorgeschlagen. In Abschnitt E behandeln wir das Problem größerer elastischer Auslenkungen von gespannten Platten unter starken Stößen nach der Theorie in D.

Bezeichnungen

$C^{k+\alpha}(G)$ ist der BANACH-Raum der k-mal über $G + S$ α — H-stetig differenzierbaren Vektorfunktionen $u(x) = (u_1, u_2, u_3)$ mit der üblichen Maximumnorm $\|u\|_{k+\alpha}(G)$, $0 < \alpha < 1$.

$H_{m,2}(G)$ und $H^0_{m,2}(G)$ sind die bekannten SOBOLEW-Räume aller Vektorfunktionen $u(x)$ mit verallgemeinerten starken Ableitungen bis zur Ordnung m über G mit der üblichen Norm $\|u\|_{m,2}(G)$; letztere entstehen durch Normabschluß aller Vektorfunktionen mit dem Träger in G.

$H'_{1,2}(G)$ entsteht durch Normabschluß aller Vektorfunktionen über G, für die die Mittelwerte der Komponenten verschwinden, mit der Norm:

$$\|u\|'_{1,2}(G): \|u\|^2_{1,2} = \|u\|'^2_{1,2} + \|u\|^2_{0,2}.$$

Für die Ableitungen verwenden wir die bekannte Multiindexschreibweise. Volumen- und Oberflächenelemente werden durch dx bzw. ds abgekürzt. Über doppelt auftretende Indizes vereinbaren wir zu summieren.

A. Einleitung

Sei $G \subset R^3$ ein elastischer Körper, bezogen auf ein festes Koordinatensystem: $x = (x_1, x_2, x_3)$, und $u(x) = (u_1, u_2, u_3)$ das Vektorfeld der Verschiebungen der Punkte $x \subset G$, verursacht durch die Wirkung vorgegebener äußerer Kräfte, Volumen- und Randkräfte $X(x)$ und $T(s)$ bzw. Randverschiebungen $u(s) = \varphi(s)$. Die zugehörige Zunahme des elastischen Potentials U ist in der linearen Elastizitätstheorie bekanntlich das Integral über eine quadratische Form (1) der Komponenten des Deformationstensors:

$$\frac{\partial u_i}{\partial x_k} + \frac{\partial u_k}{\partial x_i} = \gamma_{i,k} \tag{+}$$

$$U = \int_G \frac{1}{2}\, a_{i,h,j,k}(x)\gamma_{i,h}(x)\gamma_{j,k}(x)\, dx \tag{1}$$

mit maximal 21 elastischen Koeffizienten. Im isotropen Fall gewinnt man für die Dichte $a(u, u)$ des elastischen Potentials den wohlbekannten Ausdruck:

$$a(u, u) = G\left\{\frac{m-1}{m-2}\,\theta^2 - 2(\varepsilon_1\varepsilon_2 + \cdots) + \frac{1}{2}\,(\gamma_{1,2}^2 + \cdots)\right\} \tag{1'}$$

mit dem Schubmodul G und der Querkontraktion m sowie $\theta = \operatorname{div} u(x)$.

In der Thermoelastostatik ohne Wärmeleitung hat man im Integranden von (1) noch den Beitrag zuzufügen, den ein vorgegebenes Temperaturfeld T zur Erhöhung der inneren Energie beisteuert. Wird der Tensor $a_{i,h,j,k}(x)$ auf die feste Raumperatur T_0 bezogen, so ermittelt man für diesen Beitrag den Ausdruck

$$\varDelta = b_{i,k}(x)\,(T - T_0)\,\gamma_{i,k},$$

wobei

$$-b_{i,k}(x) = a_{i,h,j,k}(x)\,\beta_{i,k}(x)$$

gilt. $\beta_{j,k}(x)$ ist hier der Tensor der einfachen Wärmeausdehnung bei Abwesenheit äußerer Kräfte:

$$\gamma_{i,k} = \beta_{i,k}(T - T_0),$$

bei der durch die Temperaturerhöhung $T - T_0$ keine zusätzlichen Spannungen auftreten. Während man die lineare Elastizitätstheorie einschließlich der mikropolaren Elastizitätstheorie von E. und F. Cosserat, in denen die quadratischen Glieder in den Verschiebungen und Deformationskomponenten vernachlässigt werden, aus geometrischen, physikalischen Grundsätzen herleiten kann, trifft dies für die nichtlineare Elastizitätstheorie nicht zu.

Bei der jetzt endlichen Verschiebung der Punkte $\mathrm{P}(x) \subset \mathrm{G} + \mathrm{S}$ in die Bildpunkte $\mathrm{P}'(x') \subset (\mathrm{G}' + \mathrm{S}')$,

$$x_i + u_i(x_i) = x_i', \quad i = 1, 2, 3, \tag{2}$$

kann man den Zuwachs des elastischen Potentials, $\mathrm{d}U$, den das Volumenelement $\mathrm{d}x$ unter der als isotherm und reversibel vorausgesetzten Verschiebung (2) erfährt, bekanntlich durch eine Funktion der Invarianten I_1, I_2, I_3 des Verzerrungstensors

$$c_{k,l} = \frac{\partial u_k}{\partial x_l} + \frac{\partial u_l}{\partial x_k} + \frac{\partial u_i}{\partial x_k}\,\frac{\partial u_i}{\partial x_l} \tag{3}$$

ausdrücken:

$$\mathrm{d}U = (I_1, I_2, I_3)\,\mathrm{d}x\,. \tag{4}$$

Hieraus gewinnt man die gesamte Änderung U des elastischen Potentials, bezogen auf den Ruhezustand über G:

$$U = \int\limits_{G} \chi(c_{k,l})\,\mathrm{d}x = \int\limits_{G} F\left(x_i, \frac{\partial u_j}{\partial x_l}\right)\mathrm{d}x \tag{5}$$

Da es, wie bereits erwähnt, aus geometrischen, mechanischen und thermodynamischen Prinzipien allein nicht gelingt, einen allgemeingültigen Ausdruck für den Integranden in (5) herzuleiten, findet man in der Literatur die verschiedenartigsten Ansätze für spezielle Materialien unter mehr oder weniger plausiblen Annahmen. Machen wir die vereinfachende Annahme, daß sich die auf das Volumenelement dx wirkende Volumenkraft $X(x)\,\mathrm{d}x$ und die auf ein Oberflächenelement ds wirkende Flächenkraft $T(s)\,\mathrm{d}s$ während der Deformation nicht ändert, unabhängig von Lage und Verzerrung von dx bzw. ds (dead loads), so wird ein stabiler Gleichgewichtszustand Z_e durch die Lösung des Variationsproblems

$$U - A \to \mathrm{Min} \tag{6}$$

beschrieben, vgl. Abschnitt B, wobei A die Arbeit der äußeren Kräfte unter der Verschiebung $u(x)$ in den Endzustand Z_e bezeichnet:

$$A(u) = A_1(u) + A_2(u)$$

$$A_1(u) = \int\limits_{G} X_i(x)\,u_i(x)\,\mathrm{d}x; \quad A_2 = \int\limits_{G} T_i(s)\,u_i(s)\,\mathrm{d}s$$

Beispiele, auf die die gemachten Annahmen zutreffen, sind Schwerkraft und Druckkräfte auf die Oberfläche.

Bei der ersten Randwertaufgabe werden die Verschiebungen der Randpunkte vorgeschrieben:

$$u_i(s) = \varphi_i(s)\,, \quad i = 1, 2, 3, \quad s \subset \mathrm{S}\,. \tag{7}$$

Diese Aufgabe führt auf das Variationsproblem (6) unter der festen Randbedingung (7) über einem hinreichend regulären Funktionalraum, etwa $C^1(G)$. Da es in den Anwendungen mehr auf die Kenntnis der Spannungen als auf diejenige der Verschiebungen ankommt, reicht es für praktische Bedürfnisse nicht hin, sich mit Lösungen von (6), etwa über $H_{1,2}(G)$, zu begnügen. Die zweite Randwertaufgabe, bei der längs S die vorgeschriebenen Oberflächenkräfte $T(s)$ zu realisieren sind, entspricht dem freien Problem der

Variationsrechnung im Problem (6). Bei der dritten Randwertaufgabe sind längs Teilen des Randes S_1 von S die Verschiebungen, längs $S - S_1$ Oberflächenkräfte vorgeschrieben. Dieses Problem führt auf das halbfreie Problem der Variationsrechnung, bei dem das Minimum von (6) über C^1 zu bestimmen ist, worin längs S_1 die Verschiebungen (7) und längs $S - S_1$ keine Bedingungen vorgeschrieben werden.

Die Unzulänglichkeit der linearen Elastizitätstheorie beruht außer den einschneidenden Voraussetzungen über die Kleinheit von Verschiebungen und Deformationsgrößen — und damit letztlich auch der Spannungskomponenten bei konsequentem Festhalten an den klassischen linearen Spannungs-Dehnungs-Gleichungen — mit darauf, daß diese grundsätzlich wegen der Eindeutigkeit der Lösungen nur stabile Gleichgewichtszustände postuliert, Instabilitäten also nicht erfaßt werden. Nach der statischen Stabilitätstheorie von E. Trefftz [44, 45], auf die wir anschließend eingehen, werden Stabilitäts- bzw. Instabilitätsbereiche bei elastischen Deformationszuständen durch die Definititäts- bzw. Indefinititätsbereiche der zweiten Variation des auf den jeweiligen Endzustand der Deformation bezogenen elastischen Potentials gekennzeichnet. Die mithin in der nichtlinearen Elastizitätstheorie in Rechnung zu stellenden Vorzeichenwechsel der zweiten Variation des elastischen Potentials und damit das mögliche Auftreten von Lösungsverzweigungen beinhalten derzeitig für die Variationsrechnung erhebliche Schwierigkeiten. Weitreichende Sätze über Unterhalbstetigkeit, Wachstumsbeschränkungen und Coercive-Bedingungen bilden die fundamentalen Hilfsmittel der modernen Existenztheorie. Hierbei wird freilich zumindest in der mehrdimensionalen Variationsrechnung die zweite Variation bewußt in den Hintergrund gestellt, um die Existenztheorie unter möglichst geringen Voraussetzungen über die Ableitungen im Integranden zu sichern, zumal es gelingt, schon aus Konvexitätseigenschaften des Variationsintegrals auf dessen Unterhalbstetigkeit zu schließen. Bei diesem Vorgehen bleibt zumindest die für eine globale Theorie wesentliche Bedingung von Jacobi unberücksichtigt oder erscheint verdeckt in anderen einschränkenden Voraussetzungen. Daher liegen die Grenzen der bisherigen mehrdimensionalen Theorien in der Ausklammerung von Lösungsverzweigungen und den mit diesen verknüpften Mehrdeutigkeiten der Lösungsmannigfaltigkeit im Großen, vgl. [14].

Die genannten Schwierigkeiten bei der Aufstellung eines sachgemäßen elastischen Potentials und der anschließenden Lösung der Variationsprobleme (6) legen es nahe, zur mathematischen Behandlung elastischer Deformationen in der nichtlinearen Elastizitätstheorie andere Wege einzuschlagen. Eine derartige Möglichkeit eröffnet die von E. Trefftz in [44, 45] aufgestellte Stabilitätstheorie, die in Evidenz setzt, daß die Verteilung der Spannungen in einem elastischen Körper dessen Stabilitätsverhalten bestimmt, vgl. Abschnitte C und D.

B. Stabilitätstheorie

Sei G ein im Gleichgewicht befindlicher elastischer Körper, und $w(x, t)$ eine mit den vorgegebenen äußeren Bedingungen verträgliche Bewegung aus dem Gleichgewicht, wobei

$$w(x, 0) \neq 0; \quad w_t(x, 0) = 0. \tag{8}$$

Nach E. TREFFTZ liegt ein stabiler Zustand vor, wenn in diesem bei (8) stets

$$\Delta U > \Delta A(w) \tag{9}$$

zutrifft. ΔA bezeichnet hierbei die Arbeit der äußeren Kräfte unter der Verschiebung $w(x, t)$ und ΔU die entsprechende Zunahme des elastischen Potentials U. Da nach (8) die kinetische Anfangsenergie T_0 verschwindet, folgt mit

$$T_t = \frac{1}{2} \int_G \sum_{i=1}^{3} \frac{\partial w_i}{\partial t} (x, t)^2 \varrho (x, t) \, dx \tag{10}$$

$$T_0 + U_0 - A_0 = T_t + U_t - A_t,$$

also

$$\Delta A(w) - \Delta U = T_t.$$

Wegen (9) schließt man auf $T_t = 0$, q. e. d.

Wir wollen den durch das Kriterium (9) von E. TREFFTZ definierten Gleichgewichtszustand als statisch stabil bezeichnen.

Entwickeln wir U in (9) nach $w(x, t)$ und deren ersten Ableitungen:

$$\Delta U = U(u + w) - U(w) = V(u, w) + \tilde{Q}(u; w, w), \tag{11}$$

so folgt aus (9):

$$V(u, w) - \Delta A(w) + \tilde{Q}(u; w, w) > 0. \tag{12}$$

Offenbar ist $\tilde{Q}(u; w, w)$ die gemittelte zweite Variation von U in der w-Richtung. Da in (12) die linearen Terme bei hinreichender Kleinheit überwiegen, gilt:

$$V(u, w) - \Delta A(w) = 0, \quad \forall\, w(x, t) \tag{13a}$$

$$\tilde{Q}(u; w, w) > 0. \tag{13b}$$

Aus dem Verschwinden der ersten Variation (13a) folgt, daß jeder statisch stabile Gleichgewichtszustand in der Tat durch die Lösungen des Variationsproblems (6) unter den jeweils vorgeschriebenen Bedingungen beschrieben wird. Statisch stabile Gleichgewichtszustände definieren ferner nach (13b) schwache lokale Minima von (6). Im sogenannten Hauptfall der statischen Stabilität, vgl. [44, 14], gilt nach (13b)

$$Q(u; w, w) > 0 \tag{14}$$

für alle nichtidentisch verschwindenden Verschiebungen $w(x) \subset V \subset \mathrm{H}_{1,2}(\mathrm{G})$, entsprechend den gestellten Randbedingungen von V. $Q(u; w, w)$ ist dabei die zweite Variation des Variationsproblems, (14) somit die klassische JACOBIsche Bedingung der Variationsrechnung. Bekanntlich kann man aus letzterer die Gültigkeit der sogenannten LEGENDRE-HADAMARD-Bedingung, also die Regularität von (6) erschließen [34]:

$$\sum F_{D_s u_i D_t u_k}(x, u, D_1 u)\, \xi^s \xi^t \eta_i \eta_k \geqq 0 \tag{15}$$

für alle Vektoren: $\xi = (\xi^1, \xi^2, \xi^3)$; $\eta = (\eta_1, \eta_2, \eta_3)$.

Ist die linke Seite von (15) wesentlich positiv für alle nichtverschwindenden ξ, η, so ist offensichtlich das LAGRANGEsche System von (6) stark elliptisch für $u(x)$, ebenso das System der JACOBIschen Gleichungen der zweiten Variation (14). Aus Stetigkeitsgründen folgt nämlich dann

$$F_{D_s u_i D_t u_k}(x, u, D_1 u)\, \xi^s \xi^t \eta_i \eta_k \geqq c\, |\xi|^2\, |\eta|^2 \tag{16}$$

mit $c > 0$.

Das stark elliptische Eigenwertproblem des Systems der JACOBIschen Differentialgleichungen unter homogenen DIRICHLET-Bedingungen bei der ersten Randwertaufgabe, unter homogenen NEUMANN-Bedingungen — den freien Bedingungen der Variationsrechnung — bei der zweiten Randwertaufgabe hat im Fall (14) der statischen Stabilität einen kleinsten positiven Eigenwert λ_0:

$$Q(u; w, w) \geqq \lambda_0\, \|w\|^2_{0,2}. \tag{17}$$

Ein elastisches System befindet sich nach E. TREFFTZ dagegen im instabilen Gleichgewicht, wenn die zweite Variation (14) indefinit, d. h. für gewisse zulässige Verschiebungen auch negativ wird. Es liegt nahe, den BANACH-Raum C^1 aller zulässigen Verschiebungsvektoren in die Bereiche ST (statische Stabilität) und J (Instabilität) zu zerlegen. Über ST gilt (17) mit $\lambda_0 > 0$,während über J (14) indefinit ist. Der durch die Extremale $u(x)$ von (6) definierte Deformationszustand befindet sich nach E. TREFFTZ an der Stabilitätsgrenze E, wenn für die zweite Variation

$$Q(u; w, w) \geqq 0 \tag{18}$$

zutrifft und für gewisse „gefährliche“ zulässige Verschiebungen $\hat{w}(x)$

$$Q(u; \hat{w}, \hat{w}) = 0 \tag{19}$$

gilt. Weiter sollen innerhalb jeder noch so kleinen C^1-Kugel um $u(x)$ Verschiebungen aus J enthalten sein. Offenbar werden ST und J durch E getrennt. Aus (18), (19) folgt, daß das JACOBIsche Eigenwertsproblem der zweiten Variation den kleinsten Eigenwert $\lambda_0 = 0$ mit den Eigenlösungen $\hat{w}(x)$ hat, vgl. [14] sowie (44), (45). Von E können Lösungsverzweigungen der LAGRANGEschen Gleichungen von (6) in den Instabilitätsbereich J ausgehen, wie bei den Erscheinungen des Ausbeulens, Knickens und Kippens elastischer Körper.

In [44] berechnet E. TREFFTZ den analytischen Ausdruck von ΔU unter einer zulässigen Verschiebung $w(x)$

$$x + w(x) = x^1, \quad G + S \to G_1 + S_1 \tag{20}$$

und damit die zweite Variation (21) des elastischen Potentials

$$Q_2(w, w) = \frac{1}{2} \int\limits_G \sigma_{i,j}(x) \frac{\partial w_s}{\partial x_i} \frac{\partial w_s}{\partial x_j} + 2a(w, w)\, dx. \tag{21}$$

$\sigma_{i,j}(x)$ bezeichnet den Spannungstensor über $G + S$ und $a(w, w)$ die Dichte des elastischen Potentials (1) der linearen Elastizitätstheorie. (21) folgt unter der Annahme, daß beim Übergang (20) in den Nachbarzustand über $G_1 + S_1$ die resultierenden Spannungen $k_{i,j}(x^1)$ in die Summe

$$k_{i,j}(x^1) = \sigma_{i,j}(x) + \tau_{i,j}(x) \tag{22}$$

zerlegt werden, wobei die sich ergebenden Zusatzspannungen nach der linearen Theorie

$$\tau_{i,j}(x) \doteq \frac{\partial a}{\partial \gamma_{i,j}} = T\left(\frac{\partial w_i}{\partial x_j}\right) \tag{23}$$

berechnet werden können. Sicher wird für große Deformationen der lineare Übergang (22), (23) problematisch. Man kann indessen in einem größeren Spannungs- und Deformationsbereich H_T die TREFFTZsche Formel (21) als gültig ansehen, indem man die nichtlineare Abhängigkeit der elastischen Koeffizienten in $a(w, w)$ von der augenblicklichen oder auch früheren Spannungsverteilung mit berücksichtigt, vgl. (89') bis Satz 2.

Da $a(w, w)$ in (21) auftritt, stellen wir einige wohlbekannte Tatsachen aus der linearen Elastizitätstheorie zusammen.

Bekanntlich folgt aus dem Energiesatz leicht die Nichtnegativität des elastischen Potentials U in (1), U verschwindet nur auf der sechsdimensionalen Mannigfaltigkeit V_6 der infinitesimalen Schraubenbewegungen des R^3 und ist sonst positiv:

$$V_6 : u_i = a_i + c_{i,j}x_j, \quad i = 1, 2, 3$$

$$a_i, c_{i,j} \text{ Konstanten}; \; c_{i,j} = -c_{j,i}.$$

Wir notieren die bekannte aus der zweiten KORNschen Ungleichung folgende Abschätzung:

$$\int_G a(w, w)\,dx + d_0 \|w\|_{0,2}^2 \geqq d_1 \|w\|_{1,2}^2,$$

$$w(x) \subset H_{1,2}(G), \tag{24}$$

$$d_0, d_1 \text{ positive, vom Gebiet abhängige Konstanten.}$$

(24) ist eine GARDINGsche Ungleichung über $H_{1,2}(G)$. Hieraus kann man schließen, daß die bekannte positive Definitität von U über $H_{1,2}^0$ (G)(erste KORNsche Ungleichung):

$$\int_G a(w, w)\,dx \geqq d_2 \|w\|_{1,2}^2 \tag{25}$$

$$d_2 > 0 \quad \text{für alle} \quad w(x) \subset H_{1,2}^0(G)$$

auch richtig bleibt für alle HILBERT-Räume $\hat{H}_{1,2}(G) \subset H_{1,2}(G)$ mit der Eigenschaft: $\hat{H}_{1,2}(G) \cap V_6 = (0)$, [12].

Beweis: U ist wesentlich positiv über $\hat{H}_{1,2}(G)$, da U nur über V_6 verschwindet, ferner gilt die GARDINGsche Ungleichung (24) erst recht über $\hat{H}_{1,2}(G)$. Nach einem interessanten Theorem von M. R. HESTENES ist U dann auch positiv definit über $\hat{H}_{1,2}(G)$, q. e. d., [24].

In der gleichen Weise beweisen wir die für die Existenztheorie der zweiten Randwertaufgabe der linearen Theorie grundlegende zweite KORNsche Ungleichung:

$$\int_G a(w, w)\,dx \geqq d_3 \|w\|_{1,2}^2 \tag{26}$$

$$\text{für alle } w(x) \subset H_{1,2}(G) \ominus V_6.$$

Über den vorhin genannten Spannungs- bzw. Deformationsbereich H_T definiert die TREFFTZsche Formel (21) für die zweite Variation des elastischen Potentials ein handliches Kriterium zur Untersuchung des statischen Stabilitätsverhaltens eines elastischen Körpers [44, 28]. Aus den Ungleichungen

(25) über $H^0_{1,2}(G)$ und (26) folgt die positive Definitität von (21) sicher in einer hinreichend kleinen Kugel K_{d_5} im BANACH-Raum $C^0(\sigma_{i,j})$ der sechs Spannungskomponenten:

$$K_{d_5}: \|\sigma_{i,j}\|_{C_0} \leqq d_5, \tag{27}$$

also hier, wie zu erwarten, die Stabilität des Elastikums. In [44] leitet E. TREFFTZ mit Hilfe von (21) die PRANDTLschen Stabilitätsbedingungen für einen an einem Ende eingespannten Balken her und weist darauf hin, daß man auch die Stabilitätsbedingungen für Platten auf diese Weise erhalten könne.

In der Tat, sei jetzt G eine durch die Randkräfte

$$\lambda K_1(s), \quad \lambda K_2(s) \tag{++}$$

in der Plattenebene beanspruchte Platte, und $w(x_1, x_2) = w_3$, $w_1 = w_2 = 0$ die Auslenkung der gespannten Platte senkrecht zur Plattenebene. Zur Behandlung des Stabilitätsproblems der Platte führen wir die AIRYsche Spannungsfunktion $F(x_1, x_2)$:

$$F_{j,j}(x_1, x_2) = \sigma_{i,i}(x_1, x_2), \quad F_{i,j}(x_1, x_2) = -\sigma_{i,j}(x_1, x_2) \tag{27'}$$

mit der Abkürzung

$$F_{x_i x_j}(x_1, x_2) = F_{i,j}, \quad j = 1, 2,$$

ein und notieren die Darstellungsformeln für die erste Randwertaufgabe der inhomogenen biharmonischen Differentialgleichung:

$$\begin{gathered} \Delta\Delta F = f; \quad F(s) = \varphi(s), \quad \frac{\partial F}{\partial n} = \psi(s) \\ f(x_1, x_2) \subset C^\mu; \quad \psi(s) \subset C^{4+\mu}(S). \end{gathered} \tag{28}$$

$$\frac{\partial F}{\partial x_1} = \lambda \int\limits_{P_0} K_1(s)\,ds, \quad -\frac{\partial F}{\partial x_2} = \lambda \int\limits_{P_0} K_2(s)\,ds; \quad P_0 \subset S.$$

$$F(\xi_1, \xi_2) = U(\xi_1, \xi_2, K_1, K_2) + B(\xi_1, \xi_2, f) \tag{29}$$

$$U(\xi_1, \xi_2, K_1, K_2) = \frac{1}{8\pi} \int\limits_S \psi(s) \frac{\partial\, \Delta G}{\partial n}(x_1, x_2, \xi_1, \xi_2) - \psi(s) \Delta G\,(x_1, x_2, \xi_1, \xi_2)\,ds$$

$$B(\xi_1, \xi_2, f) = \frac{1}{8\pi} \int\limits_G G(x_1, x_2, \xi_1, \xi_2)\, f(x_1, x_2)\,dx_1\,dx_2.$$

$G(x_1, x_2, \xi_1, \xi_2)$ bezeichnet die GREENsche Funktion der ersten Randwertaufgabe der biharmonischen Differentialgleichung.

Wir setzen (27′) und das elastische Potential (30) für die Platte unter Weglassen des bekannten Divergenzteils:

$$\int\limits_G a(w, w)\, dx_1\, dx_2 = \frac{D}{2} \int\limits_G (\Delta w)^2\, dx_1\, dx_2 \tag{30}$$

in (21) ein und erhalten:

$$Q_2(w, w) = \frac{1}{2} \int\limits_G h(F_{2,2} w_{x_1}^2 - 2F_{1,2} w_{x_1} w_{x_2} + F_{1,1} w_{x_2}^2) + D(\Delta w)^2\, dx_1\, dx_2, \tag{31}$$

$D = Eh^3/12\,(1 - m^2)$, E = Elastizitätsmodul, h = Plattendicke.

In der nichtlinearen Plattentheorie genügt die AIRYsche Spannungsfunktion einer senkrecht zur Plattenebene gebogenen Platte der nichtlinearen Differentialgleichung

$$\Delta\Delta F = -E(w_{x_1 x_2}^2 - w_{x_1 x_1} w_{x_2 x_2}). \tag{32}$$

Mit

$$f(x_1, x_2) = -E(w_{x_1 x_2}^2 - w_{x_1 x_1} w_{x_2 x_2})$$

erhält man die Lösungsdarstellung (29) für das Randwertproblem (32) unter den Randbedingungen (28).

(32) und die LAGRANGEsche Gleichung von (31) bilden das System der VON-KARMAN-FÖPPLschen Differentialgleichungen der Plattentheorie, womit der erste Teil der TREFFTZschen Behauptung bewiesen ist.

Wir setzen jetzt (29) in (31) ein und erhalten als LAGRANGEsche Gleichung von (31) schließlich das bekannte nichtlineare Eigenwertproblem für die Ausbeulung einer Platte:

$$Tw + \lambda L(U)\, w + N(w)\, w = 0, \tag{33}$$

etwa unter den Randbedingungen für die eingespannte Platte:

$$w(s) = \frac{\partial w}{\partial n}(s) = 0, \quad s \subset S \tag{33'}$$

mit

$$Tw = D^+\, \Delta\Delta w; \qquad D^+ = D/h; \tag{34}$$

$$L(U)\, w = -\frac{\partial}{\partial x_1}(U_{x_2 x_2} w_{x_1} - U_{x_1 x_2} w_{x_2}) + \frac{\partial}{\partial x_2}(U_{x_1 x_2} w_{x_1} - U_{x_1 x_1} w_{x_2})$$

$$N(w)\, w = L\big(B(\xi_1, \xi_2, w)\, w\big).$$

Die Ausbeulung der Platte G tritt nur für die abzählbar unendlich vielen Randkräfte

$$\lambda_i K_1(s), \quad \lambda_i K_2(s), \quad i = 0, 1, 2, \ldots \tag{$^{+++}$}$$

ein. Hierbei sind λ_i die Eigenwerte des FRÉCHETschen linearen Eigenwertproblems:

$$Tw + \lambda L(U)\, w = 0 \tag{35}$$

unter den Randbedingungen (33′). Für die Randkräfte ($^{+++}$) wird die Gleichgewichtslösung $w = 0$ instabil, es ergeben sich Lösungsverzweigungen, die durch das nichtlineare Eigenwertproblem (33), (33′) erfaßt werden und kleine Ausbeulungen der Platte beschreiben. Mittels der Theorie kritischer Punkte wurde diese Aufgabe erstmalig in [17] gelöst. Im Falle einseitig über Teilgebieten $G' \subset G$ gestützter Platten führt das Problem auf die Verzweigungstheorie in Variationsungleichungen, die von meinem Schüler E. MIERSEMANN entwickelt und hierauf angewandt wurde [32, 33]. Um nach diesen Zwischenbemerkungen den angekündigten Zusammenhang mit der Stabilitätstheorie von E. TREFFTZ zu schließen, bilden wir für jedes λ das lineare Eigenwertproblem:

$$Tw + \lambda L(U)\, w = \mu w \tag{36}$$

unter den Randbedingungen (33′) und Eigenwertparameter μ. Aus (36) folgt sofort:

$$Q_2(w, w) = (Tw, w)_0 + \lambda\big(L(U)\, w, w\big)_0 = \mu(w, w)_0. \tag{37}$$

Für die Eigenfunktionen $w = w_i(x, x_2)$ von (35) und die zugehörigen Eigenwerte λ_i verschwindet (37). Die Stabilitätsgrenze E der Platte ist durch die Bedingungen:

$$Q_2(w, w) = (Tw, w)_0 + \lambda_0 \big(L(U)\, w, w\big)_0 \geqq 0 \tag{38}$$

$$\text{für alle zulässigen Auslenkungen } w(x_1, x_2),$$

doch:

$$Q_2(w_0, w_0) = 0 \quad \text{für gewisse} \quad w_0(x_1, x_2)$$

gekennzeichnet. Man schließt hieraus leicht auf

$$Q_2(w_0, \varphi) = 0 \tag{39}$$

$$\text{für alle zulässigen Variationen } \varphi(x_1, x_2).$$

$\mu = 0$ ist also Eigenwert von (36) mit der Eigenlösung $w_0(x_1, x_2)$, daher ist auch λ_0 Eigenwert von (35) mit der Eigenlösung $w_0(x_1, x_2)$. Wir erhalten also den Satz:

Satz 1. Der Stabilitätsbereich ST (9) einer Platte im Raum $C^1(\sigma_{i,j})$ besteht aus der offenen Komponente von $\sigma_{i,j} = 0$ aller Spannungsverteilungen, wofür das Eigenwertproblem (36) einen kleinsten positiven Eigenwert $\mu_0 > 0$ besitzt. In der Stabilitätsgrenze E, $\mu = 0$, hat das FRÉCHETsche Eigenwertproblem (35) einen kleinsten positiven oder absolut kleinsten negativen Eigenwert. Die dann höheren Eigenwerte von (35) definieren über (27'), (29) Spannungsverteilungen im Instabilitätsbereich J.

Beweis: Ist die durch eine beliebige AIRYsche Spannungsfunktion definierte Form:

$$\big(L(U)\, w, w\big)_0 \tag{40'}$$

positiv oder negativ definit, dann hat das Eigenwertproblem (35) nur negative oder positive Eigenwerte, ist dagegen (40') indefinit, dann sind Eigenwerte verschiedenen Vorzeichens vorhanden.

Gehört die durch $\lambda_E U$ definierte Spannungsverteilung zu E — wir schreiben hierfür: $\lambda_E U \subset$ E — dann gilt: λ_E ist Eigenwert von:

$$T w_E + \lambda_E L(U)\, w_E = 0 \tag{40}$$

mit der Eigenlösung $w_E(x_1, x_2)$. Bei

$$\lambda_E > 0 \quad \text{gilt} \quad \big(L(U)\, w_E, w_E\big) < 0. \tag{41}$$

Sei jetzt λ', $0 \leqq \lambda' \leqq \lambda_E$, beliebig vorgegeben. Existierte eine zulässige Funktion $w'(x_1, x_2)$ derart, daß

$$(Tw', w')_0 + \lambda'\big(L(U)\, w', w'\big)_0 \leqq 0 \tag{42}$$

zutrifft, also $\lambda' U \subset$ J oder λ' Eigenwert von (35) mit der Eigenfunktion $w'(x_1, x_2)$, dann gilt:

$$\big(L(U)\, w', w'\big)_0 < 0 \tag{43}$$

und erst recht:

$$(Tw', w')_0 + \lambda_E\big(L(U)\, w', w'\big)_0 < 0 \tag{44}$$

im Widerspruch zur Voraussetzung, daß $\lambda_E U \subset E$. Den gleichen Widerspruch erhält man für $\lambda_E < 0$ und λ', $\lambda_E < \lambda' \leqq 0$. λ_E ist also tatsächlich kleinster positiver oder absolut kleinster negativer Eigenwert von (35).

Offenbar ist ST in $C^1(\sigma_{ij})$ konvex. Gehört weiter U' zu ST, und ist λ_E der absolut kleinste Eigenwert von (35) für U', dann folgt wie soeben: $\lambda' U' \subset$ ST für $0 \leqq \lambda' < \lambda_E$ bzw. $\lambda_E < \lambda' \leqq 0$. Wir können daher den Stabilitätsbereich ST einer nichtlinearen dünnen Platte wie folgt charakterisieren:

Satz 2. Der Stabilitätsbereich einer dünnen Platte im BANACH-Raum $C^1(\sigma_{ij})$ der sechs Spannungskomponenten σ_{ij} ist sternförmig und sogar konvex mit dem Zentrum $\sigma_{ij} = 0$. Ist (40') für U positiv oder negativ definit, dann gehört der Kegel λU für $\lambda_E' < \lambda < \infty$ oder entsprechend für $-\infty < \lambda < \lambda_E$ zu ST, wenn $\lambda_E' < 0$ bzw. $\lambda_E > 0$ der jeweils absolut kleinste bzw. kleinste positive Eigenwert von (35) ist. Weiter gilt:

$$\lambda U \subset \mathrm{J} \quad \text{für} \quad \lambda < \lambda_E' \quad \text{bzw.} \quad \lambda > \lambda_E .$$

Ist (40) für U indefinit, dann gilt:

$$U \subset \mathrm{ST} \quad \text{für} \quad \lambda_E' < \lambda < \lambda_E$$

und

$$\lambda' U \subset \mathrm{J} \quad \text{für} \quad \lambda_E' > \lambda' \quad \text{und} \quad \lambda' > \lambda_E .$$

Noch einige Bemerkungen zu Satz 2. Sei wie vorher λU durch die Randkräfte ($^{++}$) definiert. Verhindert man bei wachsenden λ an der Stabilitätsgrenze λ_E durch zeitweilig wirkende Zusatzbedingungen ein Ausbeulen der Platte, dann werden für alle λ, $\lambda > \lambda_E$, $\lambda \neq \lambda_i$, Gleichgewichtszustände der Platte realisiert, die zum statisch instabilen Stabilitätsbereich J gehören. Wir zerlegen jetzt in einem festen Gleichgewichtszustand $\lambda' U \subset$ J den HILBERT-Raum $H^0_{2,2}(G)$ der zulässigen Verschiebungen $w(x_1, x_2)$ nach der Form $Q_2(w, w)$ der zweiten Variation (31) orthogonal in einen positiven und negativen Teil:

$$H^+_{2,2}(G)\colon \; Q_2(w, w) > 0, \quad w \subset H^+_{2,2}(G)$$

$$H^-_{2,2}(G)\colon \; Q_2(w, w) \leqq 0, \quad w \subset H^-_{2,2}(G)$$

Bei einer zulässigen Verschiebung $w^+(x_1, x_1) \subset H^+_{2,2}$ trifft die Ungleichung (9) zu. Über $H^+_{2,2}(G)$ verhält sich also die im instabilen Gleichgewichtszustand befindliche Platte mit der Spannungsverteilung $\lambda' U$ statisch stabil. Dagegen führt eine zulässige Verschiebung $w^-(x_1, x_2) \subset H^-_{2,2}(G)$ in (9) auf die umgekehrte Ungleichung. Da die Randkräfte bei Anwendung von $w^-(x_1, x_2)$ keine Arbeit leisten, folgt aus dem Energiesatz sofort:

$$T_- = U - U_- > 0. \tag{10'}$$

Aus der Abnahme der elastischen Energie resultiert eine positive kinetische Anfangsenergie T_- für die elastische Bewegung der Platte in J. Der folgende

Ausbeulvorgang klappt in eine zu einem niedrigeren Eigenwert λ_i gehörige Beulfigur hinein, unter geeigneten Umständen bis in diejenige des niedrigsten Energieniveaus, welche zum Eigenwert λ_E gehört. Eine strenge mathematische Beschreibung dieser Ausbeulvorgänge im Großen existiert zur Zeit nicht. Da die zweite Variation des elastischen Potentials (31) einer Platte bekannt ist, können wir indessen die elastische Bewegung am Anfang im Bereich kleiner Auswölbungen nach der Theorie in Abschnitt D beschreiben, solange wir im Gültigkeitsbereich der nichtlinearen Plattentheorie bleiben.

Man kann die Stabilität der Platte G von einem kleinen Teil des Randes $\hat{S} \subset S$ aus durch geeignete Wahl der Randkräfte $K_1(s)$, $K_2(s)$, $s \subset \hat{S}$, in einer beschränkten, abgeschlossenen und konvexen Menge $U(\hat{S})$ eines reflexiven BANACH-Raums optimal steuern. So existieren etwa optimale Kräfte $\hat{K}_1$, $\hat{K}_2 \subset U(\hat{S}) \subset C^{k+\mu}(\hat{S})$, $k \geq 2$, für die die Stabilitätsgrenze λ_E ihr Maximum annimmt, also sich die Platte für $K_1, K_2 \subset S - \hat{S}, \hat{K}_1, \hat{K}_2 \subset U(\hat{S})$ sich am stabilsten verhält [7, 8].

Die Schwäche der statischen Stabilitätstheorie beruht darauf, daß wir in ihr den elastischen Körper nur aus der Gleichgewichtslage herausrücken, ihm aber keinen Impuls erteilen, $T_0 = 0$. Daher wird die TREFFTZsche energetische Stabilitätstheorie nicht allen Fragestellungen der Mechanik und insbesondere nicht allen Anforderungen der Technik gerecht, obwohl ihr mathematischer Hintergrund eine über die Mechanik hinausführende Bedeutung für die Stabilitätstheorie schlechthin besitzt.

In der überwiegenden Zahl der Fälle ist bei technischen Anwendungen der dynamische Stabilitätsbegriff angemessener, der Stabilität daran mißt, ob hinreichend kleine äußere Störungen des Systems mit Übertragung von Impuls in vorher vorgegebenen Grenzen bleiben. Die mathematischen Grundlagen der dynamischen Stabilitätstheorie stammen von LJAPUNOW. In der Mechanik ist seine zweite Methode von großer Bedeutung besonders bei Problemen, die sich durch gewöhnliche Differentialgleichungen beschreiben lassen. Für Anwendungen auf Probleme der Mechanik der Kontinua sei auf [51] verwiesen. Die folgende Schlußweise besitzt enge Berührungspunkte mit der zweiten LJAPUNOWschen Methode und leistet in unserem Fall unter den analogen Voraussetzungen dasselbe. Indessen wird sich zeigen, daß wir auf diesem Wege nicht zu einer befriedigenden dynamischen Stabilitätstheorie in der nichtlinearen Elastizitätstheorie gelangen.

Sei Z_0 ein Gleichgewichtszustand des Elastikums G in ST, der durch die Verschiebung $u_0(x)$ aus dem entspannten Zustand unter Einwirkung äußerer Kräfte bzw. Randverschiebungen im Sinne von (6) hervorgegangen sei, und $v(x, t)$ eine zulässige Bewegung, die G aus dem Gleichgewichtszustand Z_0 herausführt. Mit T_0 und T_t bezeichnen wir die kinetische Energie dieser Bewegung zu den Zeiten $t = 0$ und t. Aus dem Energiesatz:

$$T_t + U\big(u_0 + v(x,t)\big) - A\big(u_0 + v(x,t)\big) - T_0 - U(u_0) - A(u_0) = 0 \quad (45)$$

folgt wegen des Verschwindens der ersten Variation (13) im Gleichgewichtszustand Z_0:

$$T_0 - T_t = \tilde{Q}\big(u_0; v(x,t), v(x,t)\big). \quad (46)$$

Solange die Bewegung in ST verläuft, die zweite Variation rechts positiv ist, muß $T_t < T_0$ zutreffen. Wir bezeichnen wie früher den durch die äußeren Daten definierten Teilraum für die Verschiebungen $u_0(x)$ in $H_{1,2}(G)$ mit V. Existiert jetzt eine Umgebung U_δ von $u_0(x)$ in V:

$$U_\delta: \|w - u_0\| \leqq \delta, \quad (47)$$

derart, daß über U_δ die gemittelte zweite Variation auf der rechten Seite von (46) positiv definit ist mit einer über U_δ gültigen Definititätskonstanten $k > 0$, dann folgt aus (46) sofort:

$$T_0 > \tilde{Q}\big(u_0; v(x,t)), v(x,t)\big) \geqq k\,\|v(x,t)\|_{1,2}^2. \quad (47')$$

Setzen wir $v(x,t) = w(x,t) - u_0(x)$ in (47), so ergibt sich für

$$T_0 \leqq k\delta^2, \quad (47'')$$

daß die Bewegung für alle Zeiten nie aus der Umgebung U_δ hinausführen kann. Bezüglich der gewählten $H_{1,2}$-Metrik ist daher unter der Voraussetzung (47) der statisch stabile Gleichgewichtszustand auch dynamisch stabil.

Die Schwäche dieses Ergebnisses liegt einmal darin, daß die Voraussetzung (47) über die Abschätzbarkeit der zweiten Variation, zwar in einer C^k-Metrik, $k \geqq 1$, evident, in der $H_{1,2}$-Metrik natürlich nur für sehr spezielle elastische Potentiale Gültigkeit hat. Zum anderen ist die $H_{1,2}$-Metrik zur Definition der dynamischen Stabilität in der nichtlinearen Elastizitätstheorie wenig aussagekräftig, da nicht auf die Beschränktheit der Spannungen geschlossen werden kann. Eine befriedigende dynamische Stabilitätstheorie muß auch die Kleinheit der Spannungsänderungen bei Definition von U_δ einschließen. In Frage kommen daher die C^k- oder höhere SOBOLEW-Metriken. Unsere Schlußweise scheitert hier daran, daß Abschätzungen des Typs (47') in diesen Räumen nicht gelten. Daß ein Kriterium des Typs (47'') nicht allgemein gilt, ist auch noch aus einem anderen Grund verständlich. Die notwendige Forderung kleiner Spannungsänderungen während der Bewegung in U_δ wird man nicht allein durch die Kleinheit der kinetischen Energie T_0 zu Beginn der Bewegung erfüllen können, da die Spannungsänderungen nicht von der Geschwindigkeit direkt, sondern von deren ersten Ableitungen nach x_i abhängen.

Erhalten die Punkte eines im Gleichgewicht befindlichen elastischen Körpers G_0 mit der Spannungsverteilung $\sigma^0_{i,j}(x^0)$ einen Anfangsimpuls und eine Anfangsverschiebung:

$$\frac{\partial u_i^0}{\partial t}(x^0, 0) = \psi_i^0(x^0), \quad u_i^0(x^0, 0) = \chi_i(x^0) \tag{48}$$

$$x^0 \subset G_0, \quad \operatorname{supp} \psi^0(x^0), \quad \chi^0(x^0) \subset\subset G_0,$$

so resultiert hieraus eine Bewegung des elastischen Körpers $u_i^0(x^0, t)$, $t > 0$, die durch die dynamischen Gleichungen der nichtlinearen Elastizitätstheorie in EULERscher Form:

$$\varrho(x, t) \frac{\mathrm{d}\bar{v}_i}{\mathrm{d}t}(x, t) = \sigma_{ji,j}(x, y, t) + X(x, t) \tag{49}$$

beschrieben wird. $\bar{v}_i(x, t)$ bezeichnet die Geschwindigkeit, $\varrho(x, t)$ die Dichte im Raum-Zeitpunkt (x, t) und X die Volumenkraft. Eine voll befriedigende, dynamische Stabilitätstheorie kann offenbar nur über eine strenge Lösungstheorie der dynamischen Differentialgleichungen erfolgen, die sich in hinreichend regulären Spannungsbereichen vollziehen muß. Freilich muß man in einer derartigen Theorie mit außerordentlichen mathematischen Schwierigkeiten rechnen, die natürlich auch nicht ausgeräumt werden durch die Lösung des Anfangswertproblems in der Arbeit [13] des Verfassers, auf die wir im Abschnitt D eingehen. Verfolgt man den Bewegungsablauf genügend lange, dann treten bei geringer Dämpfung vom Rande her Unstetigkeiten in G auf, die sich unter Umständen in von der Geometrie des Systems her ungünstigen Fällen bündeln und aufschaukeln können. Es ist klar, daß wir noch weit von einer befriedigenden, diese Phänomene erfassenden Theorie entfernt sind.

Wir wollen jetzt die Differentialgleichungen (49) geeignet variieren. Bei der entstehenden Linearisierung wird sich zeigen, daß statische Stabilität bzw. Instabilität mit der dynamischen Stabilität bzw. Instabilität bzgl. der linearisierten Gleichungen identisch sind. Da die genannte Variation den Ausgangspunkt für die Lösung des Anfangswertproblems (49), (48) darstellt, gehen wir ausführlich auf diese ein.

Die Gleichgewichtsbedingungen (13a), die das Verschwinden der ersten Variation des auf G_0 transformierten Variationsproblems (6) ausdrücken und auch aus mechanischen Prinzipien hergeleitet werden können, lauten bekanntlich:

$$V(w) = \frac{1}{2} \int_{G_0} \sigma_{ij}(x^0)\, \gamma_{ij}(x^0)\, \mathrm{d}x^0 - \int_{G_0} X_j(x^0)\, w_j(x^0)\, \mathrm{d}x^0 - \int_{S} T_j(s)\, w_j(s)\, \mathrm{d}s = 0 \tag{50}$$

für alle zulässigen Variationen $w(x^0)$ oder bei hinreichender Regularität:

$$\left.\begin{aligned}\sigma_{ji,j}(x^0) &= -X_i(x^0)\\ \sigma_{ji}(s)\,n_j &= T_i(s)\end{aligned}\right\} \quad i = 1, 2, 3. \tag{50'}$$

Der Operator $-\sigma_{ji,j}(x)$ ist daher mit dem LAGRANGEschen Vektoroperator des auf G_0 transformierten elastischen Potentials identisch, wenn hierin die Verschiebungen $v(x)$, vgl. weiter (52), (55), (56), (60), gleich Null gesetzt werden:

$$-\sigma_{ji,j}(x^0) = L_{1,i}(x^0, 0)\,, \quad i = 1, 2, 3. \tag{51}$$

Wir betrachten jetzt einen Zwischenzustand Z_x der elastischen Bewegung über G_x zur Zeit t_1.

Definiere $u(x, t - t_1)$ die Bewegung, die zur Zeit t_1 von G_x aus weiterführt.

$$G_0 \to \cdots G_x \to G_z: \quad x + u(x, t_2 - t_1) = z \tag{52}$$

$$u(x, 0) = 0.$$

Sei

$$U_x(v) = \int_{G_x} \Phi\left(x_j, \frac{\partial v_i}{\partial x_j}\right) dx \tag{53}$$

das elastische Potential bzgl. G_x und

$$U_z(w) = \int_{G_z} \overline{\Phi}\left(z_j, \frac{\partial w_i}{\partial z_j}\right) dz \tag{54}$$

das entsprechende Potential bzgl. G_z, das durch die Transformation (52) und (55) aus (53) hervorgeht:

$$v_i(x) = u_i(x, t_2 - t_1) + w_i(z) = u_i(x, t_2 - t_1) + w_i\big(x + u_j(x, t_2 - t_1)\big) \tag{55}$$

$$\overline{\Phi}\left(z, \frac{\partial w}{\partial z}\right) = \Phi\left(x(z), \frac{\partial u_i}{\partial x_\mu} + \frac{\partial w_i}{\partial z_l}\left(\delta_{l\mu} + \frac{\partial u_l}{\partial x_\mu}\right)\right) \left\|\frac{dx}{dz}\right\|. \tag{56}$$

Da x in (52) eine LAGRANGEsche Veränderliche bezeichnet, gilt

$$\frac{\partial u_i}{\partial t}(x, 0) = \overline{v}_i(x, t_1)\,; \quad \frac{\partial^2 u_i}{\partial t^2}(x, 0) = \frac{d\overline{v}_i}{dt}(x, t_1)\,. \tag{57}$$

Mit einem beliebigen regulären Funktionenvektor:

$$\xi_i(x), \quad \operatorname{supp} \xi_i(x) \subset G_x,$$

$$\eta_i(z) = \eta_i\big(x + u(x, t_2 - t_1)\big) = \xi_i(x) \tag{58}$$

erhalten wir unter Beachtung von (49), (51), (56), (57)

$$\int\limits_{G_x} \varrho(x) \frac{\partial^2 u_i}{\partial t^2}(x, 0)\, \xi_i(x)\, dx = (X, \xi)_0 - \int\limits_{G_x} L_{1,i}(x, 0)\, \xi_i(x)\, dx \tag{59a}$$

$$\int\limits_{G_z} \varrho(z) \frac{\partial^2 u_i}{\partial t^2}(x, t_2 - t_1)\, \eta_i(z)\, dz = (X, \eta)_0 - \int\limits_{G_z} L_{1,i}(z, 0)\, \eta_i(z)\, dz. \tag{59b}$$

Indem wir

$$p'_{i,k} = \frac{\partial w_i}{\partial z_k}, \quad p_{i,k} = \frac{\partial v_i}{\partial x_k}$$

in (53), (54) setzen, erhalten wir aus (56):

$$\int\limits_{G_z} L_{1,i}\left(z, \frac{\partial w}{\partial z}\right) \eta_i(z)\, dz = \int\limits_{G_z} \bar{\Phi}_{p'_{i,k}}\left(z, \frac{\partial w}{\partial z}\right) \frac{\partial \eta_i}{\partial z_k}\, dz$$

$$= \int\limits_{G_x} \Phi_{p_{i,k}}\left(x, \frac{\partial u_i}{\partial x_\mu} + \frac{\partial w_i}{\partial z_l}\left(\delta_{l,\mu} + \frac{\partial u_l}{\partial x_\mu}\right)\right) \frac{\partial \xi_i}{\partial x_k}\, dx, \tag{60}$$

ebenso

$$\int\limits_{G_x} L_{1,i}\left(x \frac{\partial v}{\partial x}\right) \xi_i(x)\, dx = \int\limits_{G_x} \Phi_{p_{i,k}}\left(x, \frac{\partial v}{\partial x}\right) \frac{\partial \xi_i}{\partial x_k}\, dx.$$

Hiernach liefert die Differenz beider Gleichungen bei Berücksichtigung der Erhaltung der Masse für $v = 0$, $w = 0$:

$$\int\limits_{G_x} \varrho(x) \left(\frac{\partial^2 u_i}{\partial t^2}(x, t_2 - t_1) - \frac{\partial^2 u_i}{\partial t^2}(x, 0)\right) \xi_i(x)\, dx$$

$$+ \int\limits_0^1 dt \int\limits_{G_x} \Phi_{p_{ik} p_{js}}\left(x, t \frac{\partial u_i}{\partial x_\nu}(x, t_2 - t_1)\right) \frac{\partial u_j}{\partial x_s}(x, t_2 - t_1) \frac{\partial \xi_i}{\partial x_k}\, dx = 0 \tag{61}$$

für alle $\xi_i(x) \subset \mathrm{H}^0_{1,2}(\mathrm{G}_x)$.

Falls die Limesrelationen:

$$\lim_{t_2 \to t_1} \frac{\partial u_j(x, t_2 - t_1)}{\partial x_s (t_2 - t_1)} = \frac{\partial^2 u_j(x, t)}{\partial x_s \, \partial t}\bigg|_{t=0} \tag{62}$$

$$\lim_{t_2 \to t_1} \frac{1}{t_2 - t_1} \left(\frac{\partial^2 u_i}{\partial t^2} (x, t_1 - t_2) - \frac{\partial^2 u_i}{\partial t^2} (x, 0) \right) = \frac{\partial^3 u_i}{\partial t^3} (x, t)\bigg|_{t=0}$$

gültig sind, führt (61) nach Division durch $t_2 - t_1$ mit nachfolgendem Grenzübergang $t_2 \to t_1$ auf die Limesgleichungen:

$$\varrho(x) \frac{\partial^3 u_i}{\partial t^3} (x, t)\bigg|_{t=0} + L_2 \left(\frac{\partial u_i}{\partial t} (x, t)\bigg|_{t=0} \right) = 0. \tag{63}$$

$L_2\psi$ ist der JACOBIsche Operator der zweiten Variation des elastischen Potentials bzgl. G_x, also der LAGRANGEsche Operator des bekannten Ausdrucks (21) von E. TREFFTZ für die zweite Variation, sofern wir uns im Spannungsbereich H_T befinden.

Aufbauend auf (63) kann man, wie in [13] gezeigt wurde, das Anfangswertproblem (49), (48) für die dynamischen Gleichungen lösen. Im Abschnitt D wird das einfache Approximationsverfahren hierzu dargestellt.

Wir wollen jetzt unsere Schlußweise an Stelle (59a) auf den Ausgangszustand Z_0, $t_1 = 0$, über G_0 anwenden, indem wir die Gleichgewichtsbedingungen (50) von (59b) subtrahieren. Für $t_1 \to 0$ folgt dann für die Anfangsverschiebungen $u_i^0(x^0, t)$ des Bewegungsablaufs das lineare System von Wellengleichungen

$$\varrho_0(x^0) \frac{\partial^2 u_i^0}{\partial t^2} (x^0, t) = -L_2^0(\sigma^0)\, u_i^0(x, t) \tag{64}$$

unter den Anfangsbedingungen (48). In $L_2^0(\sigma^0)$ ist die Spannungsverteilung $\sigma_{ij}^0(x^0)$ über G_0 einzuführen. Es wurde $X = T = 0$ gesetzt.

(64) beschreibt die Schwingungen eines im Gleichgewicht befindlichen gespannten, elastischen Körpers. Für größere Deformationen reicht die Kenntnis von $u_i^0(x^0, t)$ natürlich nicht aus. Die Berechnung von $u_i^0(x^0, t)$ aus (64) ist in unserer Näherungstheorie in Abschnitt D, die über ein Differenzenverfahren in der Zeitrichtung läuft, der erste Schritt. Wir erhalten sofort für $u_i^0(x, t)$ eine Darstellung nach der FOURIER-Methode.

Ist der gespannte Zustand Z_0 über G_0 statisch stabil, dann sind wegen der Positivität von $\varrho(x^0)$ die abzählbar unendlich vielen Eigenwerte λ_k^0 des elliptischen Eigenwertproblems:

$$L_2^0(\sigma^0)\, v_k^0(x^0) = \varrho_0(x^0)\, \lambda_k^0 v_k^0(x^0)$$

$$v_k^0(s) = 0, \quad s \subset S, \tag{65}$$

auch positiv und das zugehörige System der Eigenlösungen $v_k^0(x^0)$ über dem HILBERT-Raum $H_{0,2}(G_0, \varrho)$ mit dem Skalarprodukt

$$(v, w)_0 = \int \varrho_0(x^0)\, v(x^0)\, w(x^0)\, dx^0$$

vollständig. Wir erhalten so in bekannter Weise die Darstellung

$$u^0(x^0, t) = \sum_k \left(B_k^0 \cos \sqrt{\lambda_k^0}\, t + \frac{A_k^0}{\sqrt{\lambda_k^0}} \sin \sqrt{\lambda_k^0}\, t \right) v_k^0(x^0) \tag{66}$$

aus den entsprechenden Darstellungen für die Anfangswerte. Im Instabilitätsbereich J ist (21) indefinit, es treten daher in (65) auch negative Eigenwerte $\lambda_{-1}^0, \lambda_{-2}^0, \ldots, \lambda_{-s}^0$ auf mit den partikulären Lösungen:

$$v_l^0(x^0) \operatorname{Sin} \sqrt{-\lambda_l^0}\, t, \quad v_l^0(x^0) \operatorname{Cos} \sqrt{-\lambda_l^0}\, t \tag{67}$$

$$l = -1, -2, \ldots, -s$$

und einer entsprechend erweiterten Entwicklung (66).

Befindet sich der Spannungszustand Z_0 in E, dann treten endlich viele linear unabhängige Eigenlösungen $w_1, w_2, \ldots, w_q$ von (65) für den Eigenwert $\lambda = 0$ auf. Mit dem vollständigen System von Eigenlösungen:

$$v_k^0(x^0), v_{-1}^0(x^0), \ldots, v_{-s}^0(x^0), w_1(x^0), \ldots, w_q(x^0) \tag{67'}$$

erhalten wir in bekannter Weise aus den entsprechenden Entwicklungen der Anfangswerte die Lösungsdarstellung unseres Anfangswertproblems:

$$\begin{aligned} u^0(x^0, t) = &\sum_k^\infty \left(B_k^0 \cos \sqrt{\lambda_k^0}\, t + \frac{A_k^0}{\sqrt{\lambda_k^0}} \sin \sqrt{\lambda_k^0}\, t \right) v_k^0(x^0) \\ &+ \sum_r^{-s} \left(B_r^0 \operatorname{Cos} \sqrt{-\lambda_r^0}\, t + \frac{A_k^0}{\sqrt{-\lambda_r^0}} \operatorname{Sin} \sqrt{-\lambda_r^0}\, t \right) v_r^0(x^0) \\ &+ \sum_{k=1}^q (tC_k + D_k)\, w_k(x^0). \end{aligned} \tag{68}$$

Wir entnehmen aus unseren Entwicklungen, daß vom linearisierten Standpunkt (64) aus die statisch stabilen Gleichgewichtszustände ST auch dynamisch stabil sind. Im Instabilitätsbereich J und auf der Stabilitätsgrenze E braucht dagegen keine dynamische Stabilität im Sinne von (47), (47') vorzuliegen. Natürlich drücken diese auf dem linearen System (64) basierenden Bemerkungen allenfalls die Tendenz für das künftige Stabilitätsverhalten des Elastikums bei der weiteren Bewegung aus. Sie besitzen daher wenig Bedeutung für praktische Anwendungen.

C. Die Randwertaufgaben der nichtlinearen Elastizitätstheorie

Wir erläutern in diesem Abschnitt die vom Verfasser in [10, 11, 12] dargestellte Methode zur Behandlung der Randwertaufgaben der nichtlinearen Elastizitätstheorie. Man kann die in der Einleitung genannten Schwierigkeiten bei einer sachgemäßen Aufstellung des elastischen Potentials dadurch umgehen, daß man nicht die explizite Konstruktion der Deformation in den geforderten Endzustand verfolgt, sondern vielmehr, wie es natürlicher erscheint, die Deformation entlang dem Datenweg selbst beschreibt. Statt vom elastischen Potential, dessen Kenntnis zumindest im globalen Sinn problematisch ist, gehen wir von dessen zweiter Variation aus. Dabei benötigen wir nur einen im lokalen Sinn gültigen analytischen Ausdruck für das elastische Potential. Diese Auffassung erhält mit ihre Rechtfertigung durch die Tatsache, daß man in der nichtlinearen Elastizitätstheorie einmal den analytischen Ausdruck (50) für die erste Variation des elastischen Potentials kennt, zum anderen auch nach E. TREFFTZ den analytischen Ausdruck (21) für die zweite Variation über den Spannungsbereich H_T. Dies genügt, wie in [10, 11, 12] gezeigt wurde, um nichtlineare elastische Deformationen in ST, aber auch in J streng zu beschreiben. Unsere Methode erweist sich außerdem noch als natürliche Extrapolation der linearen Theorie ins Nichtlineare.

Die Approximation elastischer Deformationen bei den drei Randwertaufgaben erfolgt über ein Differenzenverfahren entlang einer diskreten Zerlegung des Datenweges. Wir stellen diese Näherungstheorie dar und verweisen, was die Konvergenzbeweise anlangt, auf die oben genannten Arbeiten [10, 11]. Zugrunde gelegt werde eine spezielle dritte Randwertaufgabe. Es sei jetzt $G + S$ ein elastischer Körper mehrfachen Zusammenhangs mit den geschlossenen Randkomponenten $S = S_j' + S_i''$. Längs S_j' werden die Randverschiebungen und längs S_i'' die Randspannungen vorgeschrieben:

$$u(s) = \varphi(s) \text{ längs } S'; \quad T(s) \text{ längs } S''. \tag{69}$$

R e g u l a r i t ä t s v o r a u s s e t z u n g e n: S gehöre zur Klasse $C^{2+\mu}$, die Volumenkräfte X zu C^{μ}, $T(s)$ zu $C^{1+\mu}$, $\varphi(s)$ zu $C^{2+\mu}$, $0 < \mu < 1$.

Die Beanspruchung ist in dem Sinn zu verstehen, daß die genannten Daten im Endzustand der zu bestimmenden Deformation realisiert sind. Ist S'' leer, so liegt die erste Randwertaufgabe vor, ist S' leer, die zweite Randwertaufgabe.

Sei zunächst S′ nicht leer, und $\overline{\overline{\mathrm{H}}}_{1,2}(\mathrm{G})$ derjenige HILBERT-Raum, der durch Normabschluß in $\mathrm{H}_{1,2}(\mathrm{G})$ aller längs S′ verschwindenden Funktionenvektoren besteht. Es gilt die KORNsche Ungleichung (25) über $\overline{\overline{\mathrm{H}}}_{1,2}(\mathrm{G})$ und daher auch die positive Definitität (27) von (21) in einer Kugel um $\sigma_{ij} \equiv 0$. Jeder stetigen Kurve im Produktraum $C^{\mu} \times C^{1+\mu} \times C^{2+\mu}$ vom Ursprung zum Endpunkt $X \times T \times \varphi$ entspricht in einem näher zu definierenden Sinn beim monotonen Durchlaufen eine mögliche stetige Deformation von G + S in einen geforderten Endzustand Z_e, der in der nichtlinearen Elastizitätstheorie vom Wege abhängen kann. Wir beschränken uns der Einfachheit auf den geradlinigen Weg:

$$\lambda X \times \lambda T \times \lambda \varphi, \quad 0 \leqq \lambda \leqq 1. \tag{70}$$

Zur genäherten Beschreibung der elastischen Deformation von G + S längs (70) zerlegen wir das Interval $J_1: 0 \leqq \lambda \leqq 1$ durch die Teilpunkte:

$$0 < \lambda_1 < \lambda_2 < \cdots < \lambda_n = 1, \quad \lambda_{i+1} - \lambda_i = \Delta\lambda \leqq \varepsilon$$

und definieren hierzu die Folge von Deformationszuständen $Z_0 \to Z_1 \to Z_2 \to \cdots \to Z_n$ über $G \to G^1 \to G^2 \to \cdots \to G^n$ wie folgt:

Beim ersten Schritt berechnen wir den Verschiebungsvektor $u^0(x)$ zu

$$G \to G^1: \quad x + u^0(x) = x^1$$

entsprechend der linearen Elastizitätstheorie aus dem halbfreien Variationsproblem:

$$J(u^0, u^0) = \int\limits_G a(u^0, u^0)\, dx - \lambda_1 (X, u^0)_0 - \sum_j \int\limits_{S_j''} T_k(s)\, u_k{}^0(s)\, ds \to \mathrm{Min},$$
$$\lambda_1 \varphi_k(s) = u_k{}^0(s), \quad s \subset S_j', \quad j = 1, 2, \quad k = 1, 2, 3. \tag{71}$$

Bei dieser Verschiebung ergibt sich nach der linearen Theorie die nach G^1 zu verpflanzende Spannungsverteilung:

$$\tau_{ij} = \frac{\partial a}{\partial \gamma_{ij}^0}, \quad \sigma_{ij}^1(x^1) = \tau_{ij}(x). \tag{72}$$

Sind die Deformationszustände $Z_1 \to Z_2 \to \cdots \to Z_l$ über $G^1 \to G^2 \to \cdots \to G^l$ mit den zugehörigen Spannungsverteilungen $\sigma_{ij}^1(x^1), \sigma_{ij}^2(x^2), \ldots, \sigma_{ij}^l(x^l)$ bereits definiert, dann bestimmen wir induktiv die Verschiebungen $u^l(x^l)$:

$$G^l \to G^{l+1}: x^l + u^l(x^l) = x^{l+1}, \quad l = 1, 2 \ldots \tag{73}$$

aus dem halbfreien Variationsproblem:

$$J_l(u^l, u^l) = Q_2(\sigma^l)\,(u^l, u^l) - \Delta\lambda(X, u^l)_0 - \Delta\lambda \sum_j \int_{S_j''} T_k(s^l)\, u_k{}^l(s^l)\, ds^l \to \mathrm{Min},$$

$$u^l(s^l) = \varphi^l(s^l), \quad s^l \subset S_j', \tag{74}$$

hierbei ist ersichtlich in die zweite Variation die Spannungsverteilung σ^l_{ij} einzuführen.

Wir vereinbaren hierzu, daß wir während der Übergänge (73) die Daten X, T und φ von G^l auf G^{l+1} verpflanzen:

$$\varphi(x) = \varphi^1(x^1) = \cdots = \varphi^l(x^l).$$

Aus $u^l(x^l)$ in (74) folgen die Zusatzspannungen: $\tau^l_{ij}(x^l)$ nach der linearen Theorie (72):

$$\tau^l_{ij}(x^l) = \frac{\partial a^l}{\partial \gamma^l_{ij}}\,(u^l, u^l) \tag{72_l}$$

und die neue Spannungsverteilung über G^{l+1}:

$$\sigma^{l+1}_{ij}(x^{l+1}) = \sigma^l_{ij}(x^l) + \tau^l_{ij}(x^l). \tag{75}$$

Auf Grund der positiven Definitität von (21)

$$Q(w, w) \geqq k_1\, \|w\|^2_{1,2}, \quad k_1 > 0, \quad \forall w \subset \overline{H}_{1,2}(G) \tag{76}$$

in der Kugel K_{d_s} konstruieren wir, etwa über die Unterhalbstetigkeitstheorie von $J(u^r, u^r)$, die eindeutig bestimmte Lösung $u^r(x^r)$ der Variationsprobleme (74), $l = r$. Zu diesem Zweck bestimmen wir zunächst die Lösung $w^r(x^r)$ des Variationsproblems

$$J_r(w^r, w^r) \to \mathrm{Min} \tag{77}$$

unter homogenen DIRICHLET-Bedingungen: $w^r(s^r) = 0$, $s^r \subset S_j'$ über $\overline{H}_{1,2}(G^r)$.

$w^r(x^r)$ ergibt sich nach bekannten Sätzen leicht unter Beachtung der Abschätzung:

$$J_r(w^r, w^r) \geqq k_1\, \|w^r\|^2_{1,2} - k_3\, \|w^r\|_{1,2}. \tag{78}$$

In die Konstante k_3 gehen die H_0-Normen von X über G^r und T über S^r ein. (78) folgt aus (76) und der bekannten Abschätzung:

$$\|w^r\|_{0,2}\,(S^r) \leqq k_2\, \|w^r\|_{1,2}\,(G^r). \tag{79}$$

Wir können die Lösung von (74) auf die Lösung von (77) zurückführen, indem wir uns die Randfunktionen über $C^{2+\mu}(G^r + S^r)$ fortgesetzt bzw. von vornherein gegeben denken und

$$u^r(x^r) = w^r(x^r) - \Delta\lambda\varphi^r(x^r)$$

in (74) einsetzen. $w^r(x^r)$ genügt hiernach offenbar dem Variationsproblem:

$$Q_2(\sigma^r)(w^r, w^r) - \Delta\lambda(X, w^r)_0 - 2\Delta\lambda(L_2\varphi^r, w^r)_0 - \Delta\lambda \sum_j \int_{S_j''} T_k(s^r)\, w_k{}^r(s^r)\, ds^r \to \text{Min},$$

$$w_k{}^r(s^r) = 0, \quad s^r \subset S', \tag{80}$$

das vom Typ (77) ist. L_2 bezeichnet den Lagrangeschen Operator von (76).

Unser Verfahren führt offenbar längs der Kette (73), (74), (75) zum geforderten Endzustand $\lambda = 1$, wenn erstens die linearen Probleme (74) lösbar bleiben und zweitens die Übergänge (73) topologisch sind. Solange die Deformation K_{d_5} oder allgemeiner ST nicht verläßt, ist die positive Definitität unserer Aufgaben gesichert. Entlang den schrittweise errechneten Spannungsverteilungen und Gebietsrändern treten keine Regularitätsverluste auf. Nach der bekannten Regularitätstheorie positiv definiter Variationsprobleme gehört unter den Voraussetzungen

$$S^r \subset C^{2+\mu}, \quad \sigma_{ij}^r(x^r) \subset C^{1+\mu}(G^r + S^r) \subset ST, \quad T(s^r) \subset C^{1+\mu}, \quad \varphi(s^r) \subset C^{2+\mu}$$

die Lösung $u^r(x^r)$ von (74) zu $C^{2+\mu}(G^r + S^r)$. Wegen (72_l), (73), (75) folgt weiter hieraus:

$$S^{r+1} \subset C^{2+\mu}, \quad \sigma_{ij}^{r+1}(x^{r+1}) \subset C^{1+\mu}(G^{r+1} + S^{r+1}).$$

Wir gelangen also in der Tat über n Zwischenschritte (73), (74) zum Endzustand der vorgeschriebenen Daten im Banach-Raum $C^{2+\mu}$, wenn die Deformation ST nicht verläßt und die Homöomorphie-Bedingung (die Gebietsränder dürfen natürlich nicht gegen Flächen mit mehrfachen Punkten konvergieren) nicht verletzt wird.

Entscheidend für die Zweckmäßigkeit unseres Näherungsverfahrens ist der Konvergenzbeweis für $\varepsilon \to 0$ im Banach-Raum $C^{2+\mu}(G + S)$, vgl. [10, 11]. Wir gelangen so zu einer strengen mathematischen Beschreibung endlicher Deformationen eines elastischen Körpers im Gültigkeitsbereich des Modells (21), (22), (23) von E. Trefftz, wonach in jedem Zwischenzustand Z_λ über G^λ die zweite Variation des elastischen Potentials durch (21) gegeben ist und dort die geforderten Gleichgewichts- und Randbedingungen erfüllt werden. Zum Beweis sind die fundamentalen Abschätzungen vom Schauderschen Typ für die Lösungen $u^r(x^r)$ von (74) von entscheidender Bedeutung [2]:

$$\|u^r(x^r)\|_{2+\mu} \leqq \Delta\lambda L(H_{1+\mu}, k_1, R_{2+\mu}) \, (A + \|u^r\|_{0,2}), \tag{81}$$

$$A = \|X\|_\mu + \|T\|_{1+\mu} + \|\varphi\|_{2+\mu}.$$

Nach Variation von (80) mit $w^r(x^r)$ und nachfolgenden einfachen Abschätzungen kann man in (81) die Norm $\|u^r\|_{0,2}$ auf der rechten Seite eliminieren. Mit einer L entsprechenden Majoranten L' folgt schließlich:

$$\|u^r\|_{2+\mu} \leqq \Delta\lambda L'\big(\|X\|_\mu \, (\mathrm{G}^r) + \|T\|_{1+\mu} \, (\mathrm{S}^r) + \|\varphi\|_{2+\mu} \, (\mathrm{G}^r)\big). \tag{82}$$

Unser Konvergenzbeweis stützt sich auf diese Abschätzung. Durch Zusammenfassung der Zwischenschritte (73) erhalten wir für den Übergang $\mathrm{G} + \mathrm{S} \to \mathrm{G}^r + \mathrm{S}^r$ die Abbildung:

$$f_k^r(x) = x_k^r, \quad k = 1, 2, 3, \quad x \subset G + S, \tag{83}$$

und die Rekursion:

$$f_k^{r-1}(x) + u_k^{r-1}(f_{k'}^{r-1}) = f_k^r(x) = x_k^r. \tag{84}$$

Um den Beweis abzukürzen, werden folgende Beschränkungen (V) postuliert, die den Bereich der Anfangsbedingungen umfassen:

(V): $$\sigma_{ij}^r \subset K_1 \subset \mathrm{ST}, \quad \|\sigma_{ij}^r\|_{1+\mu} \leqq H_{1+\mu}$$

$$\|f_k^r(x)\|_{2+\mu} < F, \quad \det\left|\frac{\partial f_k^r}{\partial x_j}\right| > \delta > 0.$$

Solange (V) gilt, liegen die $C^{2+\mu}$-Normen der Randdarstellungen von S^r unter einer festen Zahl $\bar{R}_{2+\mu}$, des weiteren existiert eine globale Schranke für A in (81). Wir legen so durch (V) eine globale Schranke L^+ der Majorante L' in (82) fest und erhalten über (V) für die Lösungen von (74) die Abschätzung:

$$\|u^r\|_{2+\mu} \leqq L^+ A \, \Delta\lambda. \tag{85}$$

Unter (85) können, wie in [10] gezeigt wird, wir eine positive Zahl s ermitteln, so daß über I_s: $0 \leqq \lambda \leqq s \leqq 1$ unabhängig von der Zerlegung die nach unserer Methode berechneten Verschiebungen und Spannungen sämtliche Voraussetzungen (V) erfüllen. Über Systeme von linearen Majorantendifferentialgleichungen, die wir aus (84) herleiten, gelingt es weiter, die gleichmäßige Beschränktheit der $C^{2+\mu}$-Normen der Abbildung (83) unabhängig von der jeweils gewählten Zerlegung von I_s nachzuweisen. Interpolieren wir die Funktionen

$$f_k^r(x), \quad D_1 f_k^r(x), \quad D^2 f_k^r(x) \text{ zwischen: } \lambda_r \leqq \lambda \leqq \lambda_{r+1}$$

linear, so ergeben sich gleichgradig stetige Funktionenscharen, die nach Auswahl geeigneter Teilfolgen über $I_s \times G$ im BANACH-Raum $C^2(G) \times C^0(I_s)$ gleichmäßig gegen die gesuchten Funktionen

$$x_k^r = f_k(x, \lambda) \subset C^{2+\mu}(G) \times C^0(J_s), \quad k = 1, 2, 3, \tag{86}$$

konvergieren, die die Deformation von G + S unter den gegebenen Bedingungen beschreiben. Entsprechendes gilt für die Spannungen

$$\sigma_{ij}^\lambda(x) = \sigma_{ij}^\lambda(f(x, \lambda)),$$

die in $C^{1+\mu}$ lipschitzstetig von λ abhängen. In jedem Zwischenzustand λX, λT, $\lambda\varphi$, $0 \leqq \lambda \leqq s \leqq 1$ verschwindet die erste Variation des auf G^λ transformierten Variationsproblems (9), vorausgesetzt, daß (21) die zweite Variation des elastischen Potentials darstellt. Es gelten die Gleichgewichtsbedingungen:

$$V(v = 0, \xi^\lambda) - (X, \xi^\lambda)_0 - \lambda \int_{S^\lambda} T_k(s^\lambda)\, \xi_k^\lambda(s^\lambda)\, ds^\lambda = 0, \quad \xi^\lambda \subset \overline{H}_{1,2}(G^\lambda), \tag{87}$$

die mit den bekannten Gleichgewichtsbedingungen der nichtlinearen Elastizitätstheorie (50) über G^λ übereinstimmen. Man findet leicht, daß die geforderte Verschiebung der Ränder S′ erfüllt wird und längs S″ die aus (87) folgenden freien Bedingungen der Variationsrechnung mit den bekannten Gleichgewichtsbedingungen zwischen den Randkräften λT und den inneren Spannungen auf den Flächenelementen S″ übereinstimmen:

$$\sigma_{ij}(s^\lambda) \cos(n, x_i^\lambda) = \lambda T_j; \quad j = 1, 2, 3. \tag{88}$$

Geht man den Konvergenzbeweis durch, so sieht man leicht, daß alle unsere Ergebnisse auf wesentlich allgemeinere Strukturen ausgedehnt werden können. Statt des TREFFTZschen Funktionals (21) dürfen wir ein allgemeines quadratisches Funktional mit beliebigen von den Spannungen abhängigen Koeffizienten zugrunde legen:

$$Q(u, u) = \frac{1}{2} \int_G A_{i,j,k,l}(\sigma_{rs}(x), x) \frac{\partial u_i}{\partial x_k} \frac{\partial u_j}{\partial x_l}\, dx, \tag{89}$$

das über $\overline{H}_{1,2}(G)$ in einem den Stabilitätsbereich ST definierenden Gebiet des BANACH-Raums C^1 der Spannungskomponenten positiv definit ist. Weiter dürfen wir ohne Beeinträchtigung unserer Resultate die lineare Annahme (72) für die Berechnung der Zusatzspannungen aufgeben und diese durch nichtlineare Ausdrücke

$$\varphi_{ij}\left(\frac{\partial u^l}{\partial x^l}, \sigma_{rs}^l, x^l\right) \tag{\times}$$

für $G^l \to G^{l+1}$ beschreiben:

$$\sigma_{ij}^{l+1}(x^{l+1}) = \sigma_{ij}^l(x^l) + \varphi_{ij}\left(\frac{\partial u^l}{\partial x^l}, \sigma_{rs}^l, x^l\right). \tag{89'}$$

Dabei sind die Homogenitätsbedingungen:

$$\varphi_{ij}(0, \sigma_{rs}^l, x^l) = 0$$

zu erfüllen. Wir dürfen schließlich noch allgemeinere nichtlineare Modelle zulassen, die in den Bereich der sogenannten „fading memory theory" von COLEMANN und NOLL fallen. Bei diesen hängen die Koeffizienten $A_{i,j,k,l}$ der zweiten Variation über G^l und die Zusatzspannungen in gewisser Weise noch von den Spannungsverteilungen $\sigma_{ij}^{l'}$ der bereits durchlaufenen Zustände $Z_{l'}$, $0 \leqq l' \leqq l$ ab.

Offenbar umfaßt (89') mit den Fall, in dem man in (75) bei den Übergängen (73) die Umtransformation der Spannungskomponenten nach (73) berücksichtigt. Wie im Anschluß an (21) erwähnt wurde, ist für größere Deformationen der lineare Übergang (22), (23) von E. TREFFTZ problematisch. Es wird dann notwendig, auch die auftretenden mechanischen Nichtlinearitäten in den Übergangsrelationen (89') zu berücksichtigen. Zumindest in H_T kann man noch mit dem analytischen Ausdruck (21) für die zweite Variation des elastischen Potentials arbeiten, indem man die nichtlineare Abhängigkeit der elastischen Konstanten von der vorliegenden Spannungsverteilung berücksichtigt. Im isotropen Fall mit zwei elastischen Konstanten (1') führt u. a. H. KAUDERER in [48] eine nichtlineare Extrapolation der linearen Spannungs-Dehnungs-Gleichungen durch. Hieraus kann man eine Entwicklung der zwei elastischen Koeffizienten, des Schub- und Kompressionsmoduls nach den Mittelspannungen und der zweiten Invariante des Spannungsdeviators entnehmen. Offenbar werden nichtlineare Modelle dieser Art durch die vorstehenden Weiterungen der Theorie (89) erfaßt.

Satz 3. Die über die linearen Zwischenprobleme (73), (74), (75) bzw. (89), (89') nach dem Grenzübergang $\varepsilon \to 0$ konstruierte Deformationsschar (86) beschreibt die stetige Deformation des elastischen Körpers G über Gleichgewichtszustände (87), (88) in ST in Abhängigkeit anwachsender Volumen- und Oberflächenkräfte sowie Randverschiebungen λX, λT, $\lambda\varphi$, $0 \leqq \lambda \leqq s$, unter der Annahme, daß in jedem Zwischenzustand die zweite Variation des elastischen Potentials durch den analytischen Ausdruck (21) bzw. (89) mit den Übergangsrelationen (22), (23) bzw. (89') für die Spannungen dargestellt wird.

Wir können die Deformation (86) in Abhängigkeit weiter anwachsender Kräfte und Randverschiebungen über sX, sT, $s\varphi$ hinaus fortsetzen, bis mindestens einer der folgenden Fälle eintritt:

1. Der Deformationszustand nähert sich etwa für $s \to s_E$ der Stabilitätsgrenze E, oder die Elliptizitätskonstante konvergiert gegen Null.
2. Mindestens eine der Spannungskomponenten strebt in der $C^{1+\mu}$-Norm gegen Unendlich.
3. Es treten topologische Überschneidungen auf.

Die zweite Randwertaufgabe

Die zweite Randwertaufgabe liegt vor, wenn die Randkomponentenmenge S' leer ist, d. h., längs sämtlicher geschlossenen Randkomponenten von S die Randkräfte $T(s)$ am Ende der Deformation realisiert werden sollen. Variiert man die Gleichgewichtsbedingungen (50) mit einer Verschiebung aus V_6, so ergeben sich die notwendigen Gleichgewichtsbedingungen:

$$\int_G (\mathfrak{x} \times X)\, dx + \int_S \big(\mathfrak{x} \times T(s)\big)\, ds = 0 \tag{90}$$

$$\int_G X_i\, dx + \int_S T_i(s)\, ds = 0, \tag{91}$$

$i = 1, 2, 3$, für die äußeren Kräfte, die das Verschwinden des Gesamtmoments und der Gesamtkraft der wirkenden Kräfte ausdrücken.

Wie in der linearen Elastizitätstheorie haben wir zu Beginn der Deformation (90), (91) zu fordern. Die Anwendung unseres Näherungsverfahrens bei der zweiten Randwertaufgabe führt jeweils auf die Lösung der Variationsprobleme (71), (74) unter freien Bedingungen über den Sobolew-Räumen $H'_{1,2}(G^l)$, $l = 1, 2, \ldots$ Entlang der Deformationskette (73) bleiben daher die Gleichgewichtsbedingungen (91) bestehen, während sich das Gesamtdrehmoment des Kräftesystems sehr wohl mit der Deformation ändern kann. Mit dieser Schwierigkeit müssen wir uns in der folgenden Theorie auseinandersetzen.

Im ersten Schritt ist zur Festlegung des Übergangs

$$G \to G^1 \colon \quad x + u^0(x) = x^1 \tag{92}$$

das freie Variationsproblem (71), $S = S''$, über $H_{1,2} \ominus V_6$ zu lösen. Dies erfolgt in bekannter Weise mit Hilfe der zweiten Kornschen Ungleichung (26). Die Lösung $u^0(x^0) \subset H_{1,2} \ominus V_6$ ist wegen (90), (91) auch Extremale von (71) über $H_{1,2}(G)$ und gehört daher nach der Regularitätstheorie elliptischer Systeme zweiter Ordnung zu $C^{2+\mu}(G + S)$. Offenbar stellt der entspannte Zustand für die zweite Randwertaufgabe einen Randpunkt von ST im Banach-Raum $C(\sigma_{ij})$ dar. Die Deformation (92) führt deshalb entweder in den statischen Stabilitätsbereich hinein oder in den Instabilitätsbereich J unseres Systems. Im ersten Fall trifft für hinreichend kleine λ_1 stets

$$Q_2(w, w) \geqq k_1' \, \|w\|_{1,2}^2 , \quad k_1' > 0. \tag{93}$$

$$\forall \, w(x^1) \subset \mathrm{H}'_{1,2}(\mathrm{G}^1) \quad \text{zu, wobei} \quad k_1' \to 0 \quad \text{für} \quad \lambda_1 \to 0.$$

Im zweiten Fall definieren die aus (92) resultierenden Spannungen eine indefinite zweite Variation (21), die Deformation führt daher in J hinein. Im stabilen Fall können wir unser Näherungsverfahren in ST unter den Bedingungen der zweiten Randwertaufgabe in der gleichen Weise über (74), (72_l), (75) durchführen wie bei der vorhin behandelten dritten Randwertaufgabe. Wegen (90), (91) sind die über $\mathrm{H}'_{1,2}(\mathrm{G}^l)$ konstruierten Extremalen $u^l(x^l)$ der freien Variationsprobleme (71), $l = 1, 2, \ldots$, auch Extremalen über $\mathrm{H}_{1,2}(\mathrm{G}^l)$. Es treten beim Konvergenzbeweis keine zusätzlichen Schwierigkeiten auf. Dasselbe gilt für den Nachweis, daß die nach dem Grenzübergang konstruierte Deformation von G + S über Gleichgewichtszustände unter den vorgeschriebenen Volumen- und Randkräften führt. Entlang der Deformation bleiben (90), (91) erfüllt.

Wie bereits in Abschnitt A erwähnt, können wir unsere Theorie auch auf die Beschreibung nichtlinearer elastischer Deformationen im Instabilitätsbereich J ausrichten. Im vorliegenden Fall — das gilt sinngemäß auch für die anderen Randwertaufgaben — ist zur Bestimmung der Verschiebungen $u^l(x^l)$ aus dem inhomogenen NEUMANNschen LAGRANGEschen Randwertproblem zu (74) die Annahme (A) zu verlangen, daß das entsprechende homogene NEUMANNsche Randwertproblem nur durch den konstanten Vektor lösbar ist. Wir können daher $u^l(x^l)$ nach der RIESS-SCHAUDER-Theorie konstruieren, da die notwendigen und hinreichenden Lösbarkeitsbedingungen erfüllt sind, und weiter $u^l(x^l)$ in $\mathrm{H}_{0,2}(\mathrm{G}^l)$ zum konstanten Vektor orthogonalisieren (vgl. auch [9]). Die durch die Pseudoresolvente definierte Abbildung ist beschränkt. Daher können wir in den SCHAUDERschen Abschätzungen (81) die $\mathrm{H}_{0,2}$-Norm von $u^l(x^l)$ eliminieren. Hiernach bestehen keine weiteren Beschränkungen, um alle Existenzaussagen wie im statisch stabilen Bereich zu beweisen. Wir erhalten so:

Satz 4. Es werde der entspannte elastische Körper G + S unter den vorgeschriebenen Rand- und Volumenkräften, die (90), (91) erfüllen, in G' + S' deformiert, wobei der Zustand über G' + S' zu ST oder zu J bei (A) gehöre. Die über unseren Existenzsatz in beiden Fällen konstruierten Lösungen (86) beschreiben die Fortsetzung der elastischen Deformation von G' + S' über Gleichgewichtszustände unter den vorgegebenen anwachsenden Rand- und Volumenkräften unter den Voraussetzungen von Satz 3.

Analoge Grenzbedingungen wie zu Satz 3 treffen für die Fortsetzung dieser Deformation zu.

Die Tatsache, daß bei der zweiten Randwertaufgabe der entspannte Zustand einem Randpunkt des Stabilitätsbereichs ST zum Instabilitätsbereich J in $C^0(\sigma_{ij})$ entspricht, macht es wünschenswert, zumindest zu Beginn die Deformation durch passende Zusatzkräfte am Rand zu stabilisieren. In [11] wurde zu diesem Zweck eine sogenannte $H_{12} \ominus V_6$-Theorie für die zweite Randwertaufgabe entwickelt. Diese führt schließlich auf die Konstruktion von Zusatzkräften längs des Randes, die in jedem Deformationszustand $G^\lambda + S^\lambda$ wirken müssen, um noch die Gültigkeit der Momentenbedingungen (90) längs der Deformation zu sichern. Man kann natürlich diese Zusatzkräfte wieder rückgängig machen, wenn die Deformation wieder in ST zurückführt.

Nichtlineare thermoelastische Randwertprobleme

Man kann die vorstehende Theorie auch auf spezielle nichtlineare thermoelastische Probleme übertragen. Der elastische Körper G_0 sei im Ausgangszustand auf die konstante Temperatur θ_0 erwärmt worden. Wir legen wieder die Beanspruchungen der dritten Randwertaufgabe (69), doch jetzt noch langsam im Zeitraum $[OR]: 0 \leqq t \leqq R$ wirkende Temperaturquellen $\omega(t)\, W(x^0)$, $x^0 \subset G_0$, im Inneren und am Rande $\omega(t)\, \vartheta(s)\; s \subset S$ zugrunde und beschreiben die resultierende thermoelastische Deformation.

Bekanntlich genügt die Temperatur im Bereich kleiner relativer Änderungen in der linearen Theorie

$$\frac{\theta - \theta_0}{\theta_0} < 1 \tag{94}$$

der Gleichung

$$-\frac{\partial\theta}{\partial t} = \frac{\partial}{\partial x_i}\left(k_{ij}(x^0, \theta_0)\,\frac{\partial\theta}{\partial x_j}\right) + W(x^0) + \theta_0 b_{ij}(x^0, \theta_0)\,\frac{\partial\gamma_{i,j}}{\partial t}\,(x^0, t), \tag{95}$$

die das Temperaturfeld mit dem Deformationsfeld koppelt, während das thermoelastische Potential in der linearen Theorie die Gestalt hat:

$$a_{\theta-\theta_0}(w^0, w^0)$$
$$= \int_{G_0} \left(a_{i,h,j,k}(x^0, \theta_0)\,\gamma_{ih}(x^0)\,\gamma_{jk}(x^0) + b_{ik}(x, \theta_0)\,(\theta - \theta_0)\,\gamma_{ik}(x^0)\right) dx^0. \tag{96}$$

Wir wollen in der nichtlinearen Theorie die allgemeine Temperaturabhängigkeit der elastischen Koeffizienten voll berücksichtigen und

$$a_{i,h,j,k}(x, \theta), \quad b_{ik}(x, \theta) \subset C^2\,(G \times [OR])$$

voraussetzen.

Nach (96) findet man für den analytischen Ausdruck für die zweite Variation des thermoelastischen Potentials, vgl. (21), bei der Temperaturverteilung θ^*:

$$Q_{2_{\theta-\theta^*}}(w, w) = \int_G \frac{1}{2}\, \sigma_{i,j}(x, \theta^*)\, \frac{\partial w_s}{\partial x_i}\, \frac{\partial w_s}{\partial x_j} + 2a_{\theta-\theta^*}(w, w)\, dx. \qquad (97)$$

In gewissen Fällen, insbesondere wenn es sich um sehr langsam ablaufende Deformationen handelt, wird man in (95) den Term

$$\frac{\partial \gamma_{ij}}{\partial t}(x^0, t) \cdot b_{ij}(x^0, \theta_0)$$

vernachlässigen und damit das Temperaturfeld von dem Deformationsgeschwindigkeitsfeld entkoppeln. Die lineare Wärmeleitungsgleichung (95) trifft nach (94) nur für relativ kleine Temperaturänderungen zu. Bei großen Temperaturen müßte man die Temperaturabhängigkeit der Wärmeleitungskoeffizienten k_{ij} berücksichtigen, was auf eine quasilineare parabolische Wärmeleitungsgleichung führt. Offensichtlich wird es uns dann nicht gelingen, unseren Konvergenzbeweis in Abschnitt C zu übertragen. Für das Folgende werde daher von θ unabhängig:

$$k_{ij}(x, \theta_0) \subset C^2(G + S) \qquad (98)$$

vorausgesetzt. Wenn sich die Wärmeleitungskoeffizienten $k_{ij}(x, \theta)$ nur langsam mit der Temperatur ändern, ist es bei starker Erwärmung zweckmäßig, deren Abhängigkeit von der Temperatur während des folgenden Näherungsverfahrens in geeigneten Zeitpunkten der Deformation mit zu berücksichtigen. Eine weitere Präzisierung der genannten Voraussetzung zur Entkopplung formulieren wir an Hand unseres Approximationsverfahrens für das vorliegende nichtlineare Thermospannungsproblem, dem wir uns jetzt zuwenden.

Wie in (70) werde der Deformationsweg

$$tX + t\theta + t\varphi \qquad (70')$$

durch die Zeitpunkte t_i, $0 < t_1 < t_2 < \cdots < t_n = R$ zerlegt. Hierzu definieren wir eine Folge von Deformationszuständen

$$Z_0 \to Z_1 \to Z_2 \to \cdots Z_n \quad \text{über} \quad G_0 \to G^1 \to G^2 \to \cdots \to G^n.$$

Wir wollen in jedem Zeitpunkt t_l so lange warten, unter Festhaltung der wirksamen Wärmequellen, bis sich ein stationärer Wärmestrom, also auch eine stationäre Temperaturverteilung einstellt. Offenbar gilt dann statt der parabolischen Differentialgleichung die zugehörige elliptische Temperaturgleichung. Wir ziehen hier diese Vereinfachung vor, weil sich der Konvergenzbeweis für das folgende Näherungsverfahren direkt aus dem in Abschnitt C skizzierten und in [10, 11] durchgeführten Konvergenzbeweis für die Randwertaufgaben der nichtlinearen Elastizitätstheorie ablesen läßt. Indessen kann man auch das entsprechende Näherungsverfahren bei Wirkung nichtstationärer Wärmeströmungen, also unter der parabolischen Differentialgleichung (95) — natürlich im entkoppelten Fall — in ähnlicher Weise begründen. Das entscheidende Hilfsmittel für unsere Konvergenzbeweise sind die Abschätzungen (82), (85) vom SCHAUDERschen Typ. Bekanntlich gelten analoge Abschätzungen auch für parabolische lineare Randwertaufgaben über $G \times [OR]$, vgl. etwa [21]. Wir erkennen dann leicht, daß auf alle Randbedingungen der Temperaturgleichung, wofür diese SCHAUDERschen Abschätzungen gesichert sind, unser Konvergenzbeweis unmittelbar übertragen werden kann.

Zur Bestimmung der Verschiebung $u^0(x)$ für die Verschiebung

$$G_0 \to G^1: \quad x + u^0(x) = x^1$$

im ersten Schritt berechnen wir zunächst die Temperaturverteilung

$$\theta_1(x) = \theta_0(x) + \Delta\theta_1(x), \quad \Delta\theta_1 = \theta_1 - \theta_0 \tag{99}$$

aus dem Randwertproblem

$$\begin{aligned} -\frac{\partial}{\partial x_i}\left(k_{ij}(x, \theta_0)\,\frac{\partial\,\Delta\theta_1}{\partial x_j}\right) &= t_1 \int_0^1 \omega'(tt_1)\,\mathrm{d}t\; W(x), \\ t_1 \int_0^1 \omega'(tt_1)\,\mathrm{d}t\; \vartheta(s) &= \Delta\theta_1(s), \quad s \subset \partial G = S, \end{aligned} \tag{100}$$

anschließend nach der linearen Elastizitätstheorie die Verschiebungen $u^0(x)$ aus dem halbfreien Variationsproblem:

$$\begin{aligned} J_0(u^0, u^0) = \int_{G_0} \frac{1}{2}\, & a_{i,h,j,k}(x, \theta_0)\, \gamma_{ih}^0(x)\, \gamma_{jk}^0(x) \\ & + b_{ik}(x, \theta_0)\, \Delta\theta_1 \gamma_{ik}^0(x)\, \mathrm{d}x - t_1(X, u^0)_0 \\ & - t_1 \sum_j \int_{S_j''} T_k(s)\, u_k{}^0(s)\, \mathrm{d}s \to \mathrm{Min}. \end{aligned} \tag{71'}$$

Nach (72) entsteht dann über G_1 die Spannungsverteilung:

$$\tau_{ij}(x, \theta_1) = \frac{\partial a_{\Delta\theta_1}}{\partial \gamma_{ij}^0} = \sigma_{ij}^1(x^1, \theta_1). \tag{101}$$

Wir denken uns im Folgenden die Temperatur wie die Spannungen und ebenso die wirksamen Wärmequellen und thermoelastischen Koeffizienten bei den Übergängen am Teilchen haftend, also etwa

$$\theta_1(x) = \theta_1(x^1)\ldots; \quad k_{ij}(x) = k_{ij}(x^1)\ldots$$

und berechnen für den zweiten Schritt

$$G^1 \to G^2\colon\ x^1 + u^1(x^1) = x^2 \tag{102}$$

zunächst die neue Temperaturverteilung

$$\theta_2(x^1) = \theta_1(x^1) + \Delta\theta_2(x^1)$$

aus der Randwertaufgabe

$$\begin{aligned} -\frac{\partial}{\partial x_i^1}\left(k_{ij}(x^1)\,\frac{\partial\,\Delta\theta_2}{\partial x_j^1}\right) &= (t_2 - t_1)\,\omega'(\vartheta)\,W(x^1),\\ \omega'(\vartheta)\,(t_2 - t_1)\,\vartheta(s^1) &= \Delta\theta_2(s^1), \quad s^1 \subset S^1,\\ \omega'(\vartheta) &= \int_0^1 \omega'\big(t_1 + t(t_2 - t_1)\big)\,\mathrm{d}t \end{aligned} \tag{103}$$

nach entsprechenden Verpflanzungen der Wärmequellen und Wärmeleitungskoeffizienten.

Wir erhalten hiernach die zweite Variation des thermoelastischen Potentials über G^1, indem wir in (97) in den Koeffizienten θ^* durch θ_1 und den Index $\theta - \theta^*$ durch $\Delta\theta_2$ ersetzen:

$$Q2_{\Delta\theta_2}(u^1, u^1).$$

Entsprechend unserem Vorgehen in Abschnitt C folgt nunmehr $u^1(x^1)$ aus dem halbfreien Variationsproblem:

$$\begin{aligned} J_1(u^1, u^1) &= Q2_{\Delta\theta_2}(\sigma^1)\,(u^1, u^1) - (t_2 - t_1)\,(X, u^1)_0\\ &\quad - (t_2 - t_1)\sum_j \int_{S_j''} T_k(s^1)\,u_k^1(s^1)\,\mathrm{d}s^1 \to \text{Min},\\ u_k^1(s^1) &= (t_2 - t_1)\,\varphi_k(s^1), \quad s^1 \subset S'. \end{aligned} \tag{104}$$

Das Verfahren wird in analoger Weise fortgesetzt, entsprechend (73), (74), (72_l) und (75) für $l = 2, 3, \ldots, (n-1)$. Der Wärmeleitungstensor ist nach den bekannten Prinzipien von ONSAGER symmetrisch, und der Operator (100) elliptisch mit einer Elliptizitätskonstanten $\varkappa > 0$. Ebenso werde vorausgesetzt, daß das temperaturabhängige elastische Potential (96) der linearen Thermospannungstheorie positiv definit ist, also für alle betrachteten Temperaturbereiche (25) zutrifft. Wir setzen weiter:

$$\vartheta(s) \subset C^{2+\mu}(S), \quad W(x) \subset C^{\mu}(G), \quad 0 < \mu < 1, \tag{105}$$

voraus. Dann folgen für die Randwertaufgaben (100), (103) die SCHAUDERschen Abschätzungen für die Temperaturdifferenzen $\Delta\theta_i$:

$$\|\Delta\theta_i\|_{2+\mu}\,(G^i) \leqq \Delta t \operatorname{Max} |\omega'|\, L_1(F, \varkappa)\,(\|\vartheta\|_{2+\mu} + \|W\|_\mu) \tag{106}$$

mit $\Delta t = \operatorname{Max} t_{l+1} - t_l$, solange die Abschätzungen V, vgl. Seite 30, gültig bleiben. In L_1 geht natürlich die Elliptizitätskonstante $\varkappa$ und durch die Umtransformationen der Randfunktionen und Wärmequellen die Konstante F in V ein. Aus (106) folgt leicht eine globale Schranke für die $C^{2+\mu}(G^1)$-Normen der Temperatur:

$$\|\theta\|_{2+\mu}\,(G^l) \leqq Q \tag{107}$$

für alle t_l, $0 \leqq t_l \leqq R$ unabhängig von der gewählten Zerlegung, solange die Voraussetzungen V zutreffen.

Aus unseren Voraussetzungen der positiven Definitität des elastischen Potentials der linearen Thermoelastizitätstheorie für den Temperaturbereich (107) folgt die Existenz einer Kugel K_{d_6} derart, daß für

$$K_{d_6}\colon |\sigma_{ij}(x^l, Q)| \leqq d_6 \tag{27'}$$

und (107) die Ungleichung (76) über $H_{1,2}$ zutrifft, das thermoelastische System sich also hier im statisch stabilen Zustand befindet. Wir können offenbar ohne Weiterungen unseren Konvergenzbeweis zu Satz 3 in C auf unseren Fall der Beschreibung thermoelastischer Deformationen übertragen. In die postulierten Beschränkungen V ist die Schranke (107) aufzunehmen, ferner ist in den SCHAUDERschen Abschätzungen A durch $A + Q$ zu ersetzen und in L_1 deren Abhängigkeit von Q zu berücksichtigen. Dies ist natürlich für den Konvergenzbeweis unerheblich. Wir erhalten als Ergänzung zu Satz 3:

Satz 3'. Die über die Zwischenprobleme (103), (104), ... nach dem Grenzübergang bei $\Delta t \to 0$ konstruierte Deformationsschar (86) beschreibt die stetige thermoelastische Deformation von G in ST in Abhängigkeit mit der Zeit t anwachsender Volumen- und Oberflächenkräfte sowie Randverschiebungen tX, tT, $t\varphi$ ferner durch Wärmequellen $\omega(t)\, W(x)$ und $\omega(t)\, \vartheta(s)$ bewirkte langsame Temperaturveränderungen über stationäre Zwischenzustände unter der Annahme, daß die zweite Variation des elastischen Potentials durch den analytischen Ausdruck (97) mit den Übergangsbedingungen (23) dargestellt wird.

Es treffen auch hier die analogen Bemerkungen, die in Anschluß an Satz 3 gemacht wurden, zu.

D. Das Anfangswertproblem für die dynamischen Gleichungen der nichtlinearen Elastizitätstheorie

Wir wenden uns jetzt dem in Abschnitt B formulierten Anfangswertproblem (48), (49) der dynamischen Gleichungen zu und legen den dort betrachteten im statisch stabilen Gleichgewicht befindlichen elastischen Körper G_0 mit der Spannungsverteilung $\sigma_{ij}^0(x^0)$ zugrunde. Es werde zunächst

$$\sigma_{ij}^0(x^0), \quad \chi_i^0(x^0), \quad \psi_i(x^0) \subset C^\infty(G_0) \tag{108}$$

vorausgesetzt. Außer den bereits in Abschnitt B genannten Schwierigkeiten, die einer globalen Theorie entgegenstehen, ist zu bedenken, daß die Divergenz $\sigma_{ji,j}(x, t)$ des Spannungstensors auf der rechten Seite von (49) im Raumzeitpunkt (x, t) offenbar von dem Bewegungsablauf der Teilchen des Kontinuums während des Zeitintervalls $[0, t]$ abhängt. Im Falle der NAVIER-STOKESschen Differentialgleichungen z. B. ist die Situation wesentlich einfacher, da hier der genannte Term von der Spannungsverteilung in (x, t) selbst abhängt. Die durch die Anfangserregung (48) in deren Träger verursachte Bewegung des Elastikums breitet sich in G_0 aus und erreicht etwa zur Zeit t_1 den Rand von G_0. Nach der Reflexion wandern Unstetigkeiten in G_0 hinein, wobei es im allgemeinen bei einem beliebig gestalteten Körper bereits in der Nähe des Randes zu Überdeckungen von Abhängigkeitsgebieten der Lösungen entsprechend des hyperbolischen Problemcharakters kommt. Das durch derartige rein topologische Phänomene bedingte Zusammenbrechen des Lösungsmodells führt zu einer verstärkten Wirksamkeit der Dämpfung der vom Rand zurückgeworfenen Bewegungsenergie. Wegen der Komplexität dieser Erscheinungen ist eine allgemeingültige Theorie hierüber nicht möglich. In [13] wurde die elastische Bewegung unter den Anfangsbedingungen (48) im Zeitraum $[0, t_1]$: $0 \leqq t < t_1$ streng beschrieben. Da global reguläre Lösungen von (49) für alle Zeiten nicht zu erwarten sind, wie das bei der linearen Wellengleichung zutrifft (GOURSATS Problem), wurde in Hinblick auf die letzten Bemerkungen vorausgesetzt, daß die Bewegung im Innern eines beliebig schmalen Randstreifens Γ eines stark dämpfenden Materials zur Ruhe kommt. Unter diesen Annahmen ist es möglich, die elastische Bewegung in $G - \Gamma$ für $t \geqq t_1$ weiter streng zu beschreiben. In [13] wurde weiter diese Theorie auf den Fall elastischer Körper konstanter Dämpfung übertragen.

Die Ausdehnung auf den wichtigen Fall großer dynamischer Auslenkungen von Platten beschreiben wir in Abschnitt E.

Wir erläutern jetzt das einfache Approximationsverfahren für die Lösung des Anfangswertproblems (48), (49) und gehen dabei, wie schon in Abschnitt B erwähnt wurde, von der Limesgleichung (63) aus. Nach der Zerlegung des Zeitintervalls

$$J : [0, T] : 0 \leqq t_1 < t_2 < t_3 < \subset < t_n = T, \quad \Delta t = t_{l+1} - t_l$$

berechnen wir im ersten Schritt nach Abschnitt B den Verschiebungsvektor $u^0(x^0, t)$ entlang des Zeitintervalls $[0, t_1]$ aus dem Anfangswertproblem (64) unter den Anfangsbedingungen (48) und Randbedingungen $u^0(s, t) = 0$, $s \subset S$. Bei dem Übergang

$$G_0 \to G^1 : \quad x^0 + u^0(x^0, t_1) = x^1 \tag{109}$$

wird über G^1 die neue Spannungsverteilung

$$\sigma^1_{ij}(x^1) = \sigma^0_{ij}(x^0) + \tau^0_{ij}(x^0) \tag{110}$$

$$\tau^0_{ij}(x^0) = \frac{\partial a(u^0, u^0)}{\partial \gamma^0_{ij}}$$

definiert entsprechend unserem Vorgehen in Abschnitt C bei der Beschreibung quasistatischer elastischer Deformationen in der nichtlinearen Elastizitätstheorie.

Da der Gleichgewichtszustand über G_0 statisch stabil vorausgesetzt wurde, existiert eine Kugel

$$K_{d_7} : \|\sigma_{ij} - \sigma^0_{ij}\|_0 < d_7,$$

worüber das TREFFTZsche Funktional (21) positiv definit ist, also (76) über $H^0_{1,2}(G)$ mit einer Konstanten $k_1 > 0$ zutrifft. Die weitere Approximation orientiert sich direkt an (63), wir berechnen daher im zweiten Schritt die Geschwindigkeit der Teilchen im Intervall $t_1 \leqq t \leqq t_2$:

$$\frac{\partial u^1}{\partial t}(x^1, t' - t_1) = \psi^1(x^1, t' - t_1) \tag{111}$$

aus dem linearen Anfangswertproblem der Wellengleichung

$$\begin{gathered} \varrho(x^1) \frac{\partial^2 \psi^1(x^1, t' - t_1)}{\partial t^2} = -L_2{}^1(\sigma^1)\, \psi^1(x^1, t' - t_1) \\ \psi^1(s, t' - t_1) = 0, \quad s \subset S, \end{gathered} \tag{112}$$

unter den Anfangsbedingungen

$$\begin{gathered} u_t{}^1(x^1, 0) = \psi^1(x^1, 0) = u_t{}^0(x^0, t^1) \\ u^1_{tt}(x^1, 0) = \psi_t{}^1(x^1, 0) = u^0_{tt}(x^0, t_1). \end{gathered} \tag{113}$$

$L_2{}^1(\sigma^1)$ ist der LAGRANGEsche Vektoroperator der zweiten Variation des elastischen Potentials

$$Q_2(\sigma^1)\,(u^1, u^1) \quad \text{über } G^1$$

bezüglich der Spannungsverteilung $\sigma^1_{ij}(x^1)$. Die neue Dichteverteilung $\varrho_1(x^1)$ wird nach

$$\varrho_1(x^1) = \varrho_0(x^0) \left\| \frac{dx^1}{dx^0} \right\| \sim \varrho_0(x^0) \left(1 + \sum_{k=1}^{3} \frac{\partial u_k{}^0}{\partial x_k{}^0}(x^0, t_1)\right) \tag{114}$$

berechnet. Wir setzen das Verfahren fort. Seien die Übergänge

$$G_0 \to G^1 \ldots G^{l-1} \to G^l:$$

$$x^{l-1} + \int_{t_{l-1}}^{t_l} \psi^{l-1}(x^{l-1}, t' - t_{l-1})\, dt = x^l \tag{115}$$

mit den zugehörigen zweiten Variationen, Spannungs- und Dichteverteilungen

$$Q_2(\sigma^k)\,(u^k, u^k), \quad \sigma^k_{ij}(x^k), \quad \varrho_k(x^k)$$

sowie Geschwindigkeits- und Beschleunigungsvektoren

$$\psi^{k-1}(x^{k-1}, \quad t' - t_{k-1}), \quad \psi_t^{k-1}(x^{k-1}, t' - t_{k-1})$$

für $k = 1, 2, \ldots, l$, bereits nach (112), (113), (72_l), (114) berechnet, dann bestimmen wir induktiv

$$\psi^l(x^l, t' - t_l), \quad \psi_t{}^l(x^l, t' - t_l) \quad \text{für} \quad t_l \leqq t \leqq t_{l+1}$$

aus dem Anfangswertproblem der linearen Wellengleichungen

$$\begin{gathered} \varrho_l(x^l) \frac{\partial^2 \psi^l}{\partial t^2}(x^l, t' - t_l) = -L^l(\sigma^l)\, \psi^l(x^l, t' - t_l) \\ \psi^l(s, t' - t_l) = 0, \quad s \subset S \end{gathered} \tag{116}$$

unter den Anfangsbedingungen

$$\begin{gathered} \psi^l(x^l, 0) = u_t{}^l(x^l, 0) = u_t^{l-1}(x^{l-1}, t_l - t_{l-1}) = \psi^{l-1}(x^{l-1}, t_l - t_{l-1}) \\ \psi_t{}^l(x^l, 0) = u^l_{tt}(x^l, 0) = u^{l-1}_{tt}(x^{l-1}, t_l - t_{l-1}) = \psi_t^{l-1}(x^{l-1}, t_l - t_{l-1}). \end{gathered} \tag{117}$$

Danach wird der Übergang $G^l \to G^{l+1}$ durch (72_l) definiert mit der neuen

Spannungs- und Dichteverteilung über G^{l+1}:

$$\sigma_{ij}^{l+1}(x^{l+1}) = \sigma_{ij}^{l}(x^{l}) + \tau_{ij}^{l}(x^{l}) \tag{118}$$

$$\tau_{ij}^{l}(x^{l}) = \frac{\partial a(u^l, u^l)}{\partial \gamma_{ij}^{l}} = T\left(\frac{\partial u^l}{\partial x_r^{\,l}}(x^l, t_{l+1} - t_l)\right)$$

$$\varrho_{l-1}(x^{l+1}) = \varrho_l(x^l)\left(1 + \sum_{k=1}^{3} \frac{\partial u_k^{\,l}}{\partial x_k^{\,l}}(x^l, t_{l+1} - t_l)\right). \tag{119}$$

Die Lösung von (116), (117) kann man leicht nach der wohlbekannten Fourier-Methode über die Eigenlösungen der Eigenwertprobleme

$$\begin{gathered}\bar{L}_2^{\,l}(\sigma^l)\, v_k^{\,l}(x^l) = \frac{1}{\varrho_l}(x^l)\, L_2^{\,l}(\sigma^l)\, v_k^{\,l}(x^l) = \lambda_k^{\,l} v_k^{\,l}(x^l) \\ v_k^{\,l}(s) = 0, \quad s \subset S, \quad k = 1, 2, 3, \ldots \text{inf.}, \quad l = 1, 2, \ldots\end{gathered} \tag{120}$$

und die entsprechenden Partialschwingungen

$$v_k^{\,l}(x^l) \cos \sqrt{\lambda_k^{\,l}}\,(t' - t_l); \quad v_k^{\,l}(x^l) \sin \sqrt{\lambda_k^{\,l}}\,(t' - t_l) \tag{121}$$

konstruiert werden, falls, wie vorausgesetzt wird, durch $\sigma_{ij}^{l}(x^l)$ in (21) ein statisch stabiler Gleichgewichtszustand über $H_{1,2}^{0}(G^l)$ definierbar ist. Wir erhalten wegen der Vollständigkeit des Eigenlösungssystems über $H_{0,2}(G^l, \varrho_l)$ die Lösungsdarstellung

$$\begin{gathered}\psi^l(x^l, t' - t_l) = \sum_{k=1}^{\infty}\left(B_k^{\,l} \cos \sqrt{\lambda_k^{\,l}}\,(t' - t_l) + \frac{A_k^{\,l}}{\sqrt{\lambda_k^{\,l}}} \sin \sqrt{\lambda_k^{\,l}}\,(t' - t_l)\right) v_k^{\,l}(x^l) \\ \psi_t^{\,l}(x^l, t' - t_l) = \sum_{k=1}^{\infty}\left(-\sqrt{\lambda_k^{\,l}}\, B_k^{\,l} \sin \sqrt{\lambda_k^{\,l}}\,(t' - t_l) + A_k^{\,l} \cos \sqrt{\lambda_k^{\,l}}\,(t' - t_l)\right) v_k^{\,l}(x^l)\end{gathered} \tag{122}$$

der Anfangswertaufgabe (116), (117). Offenbar bleiben während der Übergänge (115) die Lösungen (122) und Spannungs- und Dichteverteilungen (118), (119) in C^∞.

Wir skizzieren hier nur die Grundzüge des etwas komplizierten Konvergenzbeweises für unser Näherungsverfahren zur Lösung des Anfangswertproblems (48), (49) aus [13].

Von Wichtigkeit sind hierin die folgenden Relationen der Fourier-Koeffizienten von (122):

$$\begin{aligned}&\left(\psi_t^{\,l}(x^l, t' - t_l), v_k^{\,l}(x^l)\right)^2 + \lambda_k^{\,l}\left(\psi^l(x^l, t' - t_l), v_k^{\,l}(x^l)\right)^2 \\ &= \left(\psi_t^{\,l}(x^l, 0), v_k^{\,l}(x^l)\right)^2 + \lambda_k^{\,l}\left(\psi^l(x^l, 0), v_k^{\,l}(x^l)\right)^2 \\ &= (A_k^{\,l})^2 + \lambda_k^{\,l}(B_k^{\,l})^2 \quad \text{für} \quad k = 1, 2 \ldots \text{inf.}\end{aligned} \tag{123}$$

Es ist zweckmäßig, die Vektorfunktionen

$$\bar{\psi}^l(x^l, t' - t_l) = \sum_{k=1}^{\infty} \sqrt{\lambda_k^l} \left(\psi^l(x^l, t' - t_l), v_k^l(x^l)\right) v_k^l(x^l) \tag{124}$$

für $l = 1, 2, \ldots$ einzuführen. Nach dreifachen Iterationen

$$\bar{L}^l(\sigma^l)^3 \psi_t^l(x^l, t' - t_l) = \bar{L}^l(\sigma^l) \bar{L}^l(\sigma^l) \bar{L}^l \psi_t^l(x^l, t' - t_l) = \varphi^l(x^l, t' - t_l) \tag{125}$$

$$\bar{L}^l(\sigma^l)^3 \bar{\psi}^l(x^l, t' - t_l) = \vartheta^l(x^l, t' - t_l)$$

folgt aus (123) für die $H_{0,2}(G^l, \varrho_l)$-Normen der rechten Seiten:

$$P_l^2 = \|\varphi^l(x, 0)\|_{0,2}^2 + \|\vartheta^l(x^l, 0)\|_{0,2}^2 = \|\varphi^l(x^l, t' - t_l)\|_{0,2}^2 + \|\vartheta^l(x^l, t' - t_l)\|_{0,2}^2. \tag{126}$$

Die Invarianz von P_l^2 im Intervall $[t_l, t_{l+1}]$ legt es nahe, eine obere Schranke hierfür während des Bewegungsablaufs längs eines festen Zeitintervalls $J_s: 0 \leqq t \leqq s$, herzuleiten. Hierzu muß man die Änderung von P_l^2 bei den Übergängen (115) abschätzen, ebenso die $H_{6,2}$-Normen der Spannungskomponenten und Dichtefunktionen. Bei den Übergängen (115) müssen u. a. Umtransformationen bis zu Ableitungen siebenter Ordnung in den iterierten Differentialoperatoren (125) abgeschätzt werden. Hierbei spielt der allgemeine Einbettungssatz eine entscheidende Rolle.

Satz 5. Erfüllt das Gebiet G eine schwache Kegelbedingung nach F. BROWDER, dann gilt

$$H_{l,p}(G) \subset C^j(G + S) \quad \text{für} \quad \frac{1}{p} - (l - j)\frac{1}{n} < 0$$

und weiter:

$$\|\psi\|_j \leqq N_1 \|\psi\|_{l,p}\,(G) \quad \text{für alle} \quad \psi \subset H_{l,p}(G),$$

falls G einer starken Kegelbedingung im Sinne von L. NIRENBERG genügt (dies werde in unserem Fall vorausgesetzt), dann genügt $D^\beta\psi$ über $G + S$ einer H-Bedingung nach dem Exponenten μ für $|\beta| \leqq j$ und $\mu < (l - j) - n(1/p)$.

Unter Benutzung der bekannten Coercive-Ungleichung der Regularitätstheorie stark elliptischer Systeme wurde in [13] bewiesen:

Satz 6. Es existieren Zahlen $s, P^2\ A, B, C, D$, daß für alle Unterteilungen des Intervalls $J_s: 0 \leqq t \leqq s$ die Ungleichungen

$$P_i^2 < P^2, \quad \|\sigma_{ij}^l(x^l)\|_{6,2}^2 < C$$

$$\|\psi_t^l(x^l, t' - t_l)\|_{6,2}^2 < B, \quad \|\psi^l(x^l, t' - t_l)\|_{7,2}^2 < A$$

$$\|\varrho_l(x^l)\|_{6,2}^2 < D$$

erfüllt bleiben.

Aus Satz 5 ergeben sich sofort die Abschätzungen in den HÖLDER-Normen mit Konstanten $\bar{A}$, $\bar{B}$, $\bar{C}$, $\bar{D}$, die ersichtlich von den entsprechenden in Satz 6 und den Einbettungskonstanten abhängen:

$$\|\psi_t^l(x^l, t' - t_l)\|_{4+\mu} < \bar{B}, \quad \|\psi^l(x^l, t' - t_l)\|_{5+\mu} < \bar{A}, \quad \|\sigma_{ij}^l(x^l)\|_{4+\mu} < \bar{C},$$
$$\|\varrho_l(x^l)\|_{4+\mu} < \bar{D}.$$

Aus den Wellengleichungen (116) folgen dann leicht weitere Abschätzungen für die zeitlichen Ableitungen k-ter Ordnung:

$$D_t^k \psi^l(x^l, t' - t_l) \subset \mathrm{C}^{2+\mu}(\mathrm{G}^l) \quad \text{für} \quad k = 2, 3. \tag{127}$$

Indem wir die Übergänge (115) wie in (83), (84) zusammenfassen:

$$x_k^{l+1} = f_k^l(x^0) + u_k^l\big(f^l(x^0), t_{l+1} - t_l\big) \tag{128}$$

$$f_k^0(x^0) = x^0_k, \quad u_k^l(x^l, t' - t_l) = \int_{t_l}^{t'} \psi^l(x^l, t - t_l)\, \mathrm{d}t,$$

erhalten wir über Systeme von Majorantendifferentialgleichungen nach Differentiation von (128) schrittweise Majoranten für

$$D^1 f_k^l(x^0), \ldots, D^5 f_k^l(x^0).$$

Wir setzen:

$$f_{(n)_k}(x^0, t) = f_k^l(x^0) \quad \text{für} \quad t_l \leqq t \leqq t_{l+1} \tag{129}$$

$$D^\alpha f_{(n)_k}(x^0, t) = D^\alpha f_k^l(x^0), \quad 1 \leqq |\alpha| \leqq 5,$$

wobei sich der Index (n) auf die gewählte Unterteilung von J_s beziehen soll, ebenso:

$$\sigma_{(n)i,j}(x^0, t) = \sigma_{ij}^l(x^l) = \sigma_{ij}^l\big(f^l(x^0)\big) \tag{130}$$

$$\varrho_{(n)}(x^0, t) = \varrho_l(x^l) = \varrho_l\big(f^l(x^0)\big), \quad t_l \leqq t \leqq t_{l+1},$$

und weiter:

$$\psi_{(n)}(x^0, t) = \psi^l\big(f_{(n)}(x^0, t_l), t - t_l\big) \tag{131}$$

$$\psi_{(n)_t}(x^0, t) = \psi_t^l\big(f_{(n)}(x^0, t_l), t - t_l\big).$$

Die Funktionenvektoren (131) sind nach Konstruktion stetig über $(\mathrm{G} + \mathrm{S}) \times \mathrm{J}_s$, dasselbe trifft auf deren Ableitungen

$$D^\alpha \psi_{(n)}(x^0, t), \quad D^{\alpha'} \psi_{(n)_t}(x^0, t), \quad 1 \leqq |\alpha| \leqq 4, \quad 1 \leqq |\alpha'| \leqq 3$$

zu. Aus (118), (119) folgen leicht die folgenden Abschätzungen mit festen, von der gewählten Zerlegung unabhängigen Konstanten F_i:

$$\|\sigma_{(n)i,j}(x^0, t_{l+1}) - \sigma_{(n)i,j}(x_0 t_l)\|_{4+\mu} \leqq F_1 \, \Delta t \tag{132}$$
$$\|\varrho_{(n)}(x^0, t_{l+1}) - \dot{\varrho}_{(n)}(x^0, t_l)\|_{4+\mu} \leqq F_2 \, \Delta t .$$

Aus Satz 6 sowie den Abschätzungen (127), (128), (132) und den genannten linearen Majorantendifferentialgleichungen folgen nach bekannten Auswahlsätzen die gleichmäßig konvergenten Teilfolgen für $\Delta t \to 0$ über J_s:

Für:

$$\begin{aligned}
&0 \leqq |\alpha| \leqq 4 \ \lim D^\alpha f_{(n)_k}(x^0, t) \rightrightarrows D^\alpha f_k(x^0, t) \subset C^{4+\mu'}(G) \times C^0(J_s)\\
&0 \leqq |\alpha| \leqq 4 \ \lim D^\alpha \sigma_{(n)ij}(x^0, t) \rightrightarrows D^\alpha \sigma_{ij}(x^0, t) \subset C^{4+\mu'}(G) \times C^0(J_s)\\
&0 \leqq |\alpha| \leqq 4 \ \lim D^\alpha \varrho_{(n)}(x^0, t) \rightrightarrows D^\alpha \varrho(x^0, t) \subset C^{4+\mu'}(G) \times C^0(J_s)\\
&0 \leqq |\alpha| \leqq 4 \ \lim D^\alpha \psi_{(n)}(x^0, t) \rightrightarrows D^\alpha \psi(x^0, t) \subset C^{4+\mu'}(G) \times C^0(J_s)\\
&0 \leqq |\alpha| \leqq 3 \ \lim D^\alpha \psi_{(n)_t}(x^0, t) \rightrightarrows D^\alpha \psi_t(x^0, t) \subset C^{3+\mu'}(G) \times C^0(J_s)
\end{aligned} \tag{133}$$

$$0 < \mu' < \mu < 1 .$$

Für $0 \leqq |\alpha| \leqq 3$ ergibt sich weiter leicht:

$$D^\alpha \psi(x^0, t) = D^\alpha \psi(x^0, 0) + \int_0^t \dot{D}^\alpha \psi_t(x^0, t') \, dt .$$

Nach Substraktion zweier benachbarter Differentialgleichungen (116) erhalten wir die folgende Abschätzung:

$$\left| \varrho_l \frac{\partial^2 \psi_{(n)}}{\partial t^2} (x^0, t_l + 0) - \varrho_{l-1} \frac{\partial^2 \psi_{(n)}}{\partial t^2} (x^0, t_{l-0}) \right| \leqq F_3 \, \Delta t , \tag{134}$$

woraus man in Verbindung mit den früheren Abschätzungen längs wieder mit (n) bezeichneter Teilfolgen auf

$$\lim \frac{\partial^2 \psi_{(n)}}{\partial t^2} (x^0, t) \rightrightarrows D_t^2 \psi(x^0, t), \quad 0 \leqq t \leqq s \tag{135}$$

schließen kann.

Die Funktionen

$$x_k = f_k(x^0, t), \quad k = 1, 2, 3, \tag{136}$$

definieren die Bahnkurven der Punkte $x^0 \subset G$ während des Zeitintervalls J_s, dabei sind $\psi(x^0, t)$ und $\psi_t(x^0, t)$ die Geschwindigkeit und die Beschleunigung dieser Bewegung:

$$\frac{\partial f_k}{\partial t}(x^0, t) = \psi_k(x^0, t); \quad \frac{\partial^2 f_k}{\partial t^2}(x^0, t) = \psi_t(x^0, t). \tag{137}$$

Man zeigt leicht, daß der stetige Vektor in (135), $D_t^2(x^0, t)$, längs J_s mit $\psi_{tt}(x^0, t)$ übereinstimmt. Bezeichnen wir in Analogie zu Abschnitt C das volle System der dynamischen Gleichungen zur Zeit t mit $D(t)$, so folgt aus unserer Konstruktion leicht, daß nach dem Grenzübergang die Limesgleichung (63) oder $D'(t) = 0$ längs J_s erfüllt wird. Da $D(0) = 0$ am Anfang zutrifft, verschwindet $D(t)$ entlang J_s identisch. Wir erhalten so:

Satz 7: Die Funktionen (136) beschreiben die elastische Bewegung der Teilchen $x^0 \subset G$ unter den Anfangsbedingungen (48) längs J_s, $s < t_1$, in ST. Die dynamischen Gleichungen werden erfüllt unter der Annahme, daß die zweite Variation des elastischen Potentials durch den analytischen Ausdruck (21) mit den Übergangsbedingungen (23), (118) für die Spannungen dargestellt wird.

Offenbar sind die TREFFTZschen Übergangsrelationen (118)

$$\sigma_{(n)i,j}(x^0, t_{l+1}) - \sigma_{(n)i,j}(x^0, t_l) = T\left(\frac{\partial u^l}{\partial x_j^l}(x^l, t_{l+1} - t_l)\right) \tag{138}$$

die Approximation der differentiellen Übergangsbedingungen

$$\frac{\mathrm{d}\sigma_{ij}}{\mathrm{d}t}(x^0, t_l)\Big|_{x^0 = h(x^l, t_l)} = T\left(\frac{\partial \phi^l}{\partial x^l}(x^l, 0)\right). \tag{139}$$

Hierbei bezeichnen $x^0 = h(x^l, t_l)$ die Inversion von (136), und $\phi(x^l, 0)$ ist der Geschwindigkeitsvektor in $x^l \subset G^l$ zur Zeit t_l. Wie in Abschnitt C kann man alle Ergebnisse auf allgemeinere Strukturen des Typs (89), (89′) ausdehnen.

Weiter wurde in [13] gezeigt, daß man auch die Dämpfung bei konstanter Dämpfungsfunktion und Dichte mit in die Theorie einbeziehen kann. Statt der linearen Anfangswertprobleme (116), (117) sind in diesem Fall die entsprechenden Anfangswertprobleme für die linearen Systeme gedämpfter Wellengleichungen

$$\frac{\partial^2 \psi^l}{\partial t^2}(x^l, t' - t_l) + \frac{\alpha}{\varrho}\frac{\partial \psi^l}{\partial t}(x^l, t' - t_l) = -\frac{1}{\varrho} L_2{}^l(\sigma^l)\, \psi^l(x^l, t' - t_l) \tag{140}$$

über G^l, $l = 1, 2, \ldots$ zu lösen.

Mit Hilfe des vollständigen Eigenlösungssystems $v_k^l(x^l)$ von (120) erhalten wir für diese Lösungen im l-ten Schritt die Darstellungsformeln

$$\psi^l(x^l, t' - t_l) = \sum e^{-\frac{\alpha}{2}(t'-t_l)} \Big(B_k^l \cos \sqrt{\beta_k^l}\,(t' - t_l)\, v_k^l(x^l) + D_k^l \sin \sqrt{\beta_k^l}\,(t' - t_l)\, v_k^l(x^l)\Big),$$

$$\psi_t^l(x^l, t' - t_l) = \sum e^{-\frac{\alpha}{2}(t'-t_l)} \bigg(\Big(- \sqrt{\beta_k^l}\, B_k^l \sin \sqrt{\beta_k^l}\,(t' - t_l) + \sqrt{\beta_k^l}\, D_k^l \cos \sqrt{\beta_k^l}\,(t' - t_l)\Big)\, v_k^l(x^l) - \frac{\alpha}{2}\, \psi^l(x^l, t' - t_l)\bigg) \tag{141}$$

$$\text{für } \operatorname*{Min}_k \lambda_k^l > \frac{\alpha^2}{4} \text{ und } \beta_k^l = \lambda_k^l - \frac{\alpha^2}{4}, \quad k = 1, 2, \dots \text{inf.},$$

aus denen man für die FOURIER-Koeffizienten die zu (123) analogen Relationen

$$\Big(\big(\psi_t^l(x^l, t' - t_l), v_k^l(x^l)\big) + \frac{\alpha}{2}\big(\psi^l(x^l, t' - t_l), v_k^l(x^l)\big)\Big)^2 + \beta_k^l\big(\psi^l(x^l, t' - t_l), v_k^l(x^l)\big)^2$$
$$= e^{-\alpha(t'-t_l)}\bigg(\Big(\big(\psi_t^l(x^l, 0), v^l_k(x^l)\big) + \frac{\alpha}{2}\big(\psi^l(x^l, 0), v_k^l(x^l)\big)\Big)^2 + \beta_k^l\big(\psi(x^l, 0), v_k^l(x^l)\big)^2\bigg) \tag{142}$$

herleitet. Hierauf aufbauend, gelingt es mit geringen Modifikationen des skizzierten Konvergenzbeweises, alle Aussagen in Satz 7 auch bei konstanter Dämpfungsfunktion sicherzustellen.

Unser Konvergenzbeweis ist so lange gültig, wie die Bewegung der Teilchen den Rand S noch nicht erreicht hat, oder, wie leicht zu sehen, solange die Bedingungen

$$L_2^l(\sigma^l)^k\, \psi_t^l(x^l, t' - t_l) = 0$$
$$L_2^l(\sigma^l)^k\, \psi^l(x^l, t' - t_l) = 0, \quad x^l \subset S, \tag{143}$$
$$L_2^l(\sigma^l)^k\, \overline{\psi}^l(x^l, t' - t_l) = 0, \quad k = 1, 2, 3$$

entlang der Approximationskette (115) erfüllt bleiben. Um die in der Einleitung von Abschnitt C angesprochenen Schwierigkeiten zu umgehen, betrachten wir einen beliebig schmalen an S grenzenden Randstreifen $\Gamma \subset \mathrm{G} + \mathrm{S}$, in dem die Bewegung der Teilchen stark gedämpft wird und noch vor Erreichen des Randes S zur Ruhe kommt. Dieses Modell ist von Interesse in den Fällen, in denen die durch Reflektion bewirkten in G hineinwandernden Unstetigkeiten sehr rasch abklingen und die weitere Bewegung innerhalb G nicht beeinflussen.

Da eine explizite Darstellungsformel für die Lösungen der Anfangswertprobleme (116) mit variabler Dämpfungsfunktion nicht angegeben werden kann, führen wir die Funktionen

$$\gamma^l(x^l, t) \subset \mathrm{C}^\infty(\mathrm{G}^l)$$

$$\gamma^l(x^l, t) \left\langle \begin{array}{l} = 1,\ x^l \subset \mathrm{G} - \Gamma \\ \\ \operatorname{supp} \gamma^l(x^l, t) \subset \operatorname{Int} \mathrm{G} \end{array} \right. \tag{144}$$

ein. Mit diesen Dämpfungsfunktionen definieren wir jetzt die Übergänge (115) durch

$$\mathrm{G}^{l-1} \to \mathrm{G}^l\colon x^{l-1} + \int\limits_{t_{l-1}}^{t_l} \gamma^{l-1}(x^{l-1}, t')\, \psi^{l-1}(x^{l-1}, t' - t_{l-1})\, \mathrm{d}t' = x^l. \tag{145}$$

Weil stets ein schmaler Streifen um den Rand S fest bleibt, ändern sich die Spannungen und Dichten während der Übergänge (115) nicht, dasselbe trifft dann auch für die iterierten Differentialoperatoren (143) zu. Deshalb können wir unter diesen neuen Bedingungen unseren Konvergenzbeweis über t_1 hinaus weiterführen. Über Satz 6 und (127), (133), (135), ... ergibt sich die entscheidende Formel:

$$D'(x^0, t) = 0, \quad x^0 \subset \mathrm{G} - \Gamma, \quad t \subset \mathrm{J}_s, \tag{146}$$

solange der Punkt x^0 nicht in Γ eintritt. Daher werden die dynamischen Gleichungen in diesem Bereich erfüllt. (146) gilt offenbar nicht mehr in Γ, da $\psi(x^0, t)$ die Geschwindigkeit von x^0 zur Zeit t nur über $\mathrm{G} - \Gamma$ nicht mehr über Γ definiert. Aus (145) folgt sofort:

$$f(x^0, t) = f(x^0, t_0) + \int\limits_{t_0}^{t} \gamma(x^0, t')\, \psi(x^0, t')\, \mathrm{d}t', \tag{147}$$

wenn wir für die Dämpfungsfunktion

$$\gamma_{(n)}(x^0, t') = \gamma^l\big(f^l(x^0), t'\big), \quad t_l \leqq t' \leqq t_{l+1} \tag{148}$$

setzen und

$$\gamma(x^0, t') = \lim \gamma_{(n)}(x^0, t'), \quad t' \subset J_s$$

definieren.

Zum Schluß dieses Abschnitts seien noch zwei Bemerkungen angefügt:

1. In unserem Konvergenzbeweis wurden nur die Normschranken von Satz 6 benützt. Daher kann man die starken Analytizitätsvoraussetzungen für die Anfangsdaten im wesentlichen auf die in Satz 6 benötigte Regularität abmildern. Man beweist dies durch Approximation dieser Daten durch analytische Daten in den jeweiligen Normen in Satz 6. Offenbar kann man ein festes Intervall J_s angeben, so daß die Approximation der Lösungen unserer Anfangswertprobleme entlang dieser Folgen in einem durch Satz 6 gekennzeichneten festen Bereich über J_s verbleibt. Die gesuchten Lösungen folgen dann nach der üblichen auf Kompaktheit basierenden Technik.

2. Man kann die Lösungen (147) über J_s hinaus weiter fortsetzen, solange wie:

a) die Normschranken von Satz 5 beschränkt bleiben,
b) die Stabilitäts- bzw. Elliptizitätsgrenze nicht erreicht ist,
c) topologische Überschneidungen ausbleiben.

E. Größere Auslenkungen in der Plattentheorie

Wir wollen in diesem Abschnitt untersuchen, ob man die Lösungstheorie der dynamischen Gleichungen der nichtlinearen Elastizitätstheorie in Abschnitt D auf die nichtlineare Plattentheorie übertragen kann. Da hier die vom Rand reflektierten Unstetigkeiten kaum eine Rolle spielen, scheint unsere Methode auf diesen Problemkreis besonders zugeschnitten. Sei G der Einfachheit halber eine in der x_1,x_2-Ebene liegende eingespannte Platte der Dicke h von isotroper Struktur, die etwa wie in Abschnitt B durch die Randkräfte ($^{++}$) in der Plattenebene beansprucht sei. Die resultierende Spannungsverteilung

$$\sigma^0_{11}(x_1, x_2), \quad \sigma^0_{12}(x_1, x_2), \quad \sigma^0_{22}(x_1, x_2)$$

berechnet man nach (28), (29). Für die von der x_3-Koordinate unabhängige Auslenkung $w(x_1, x_2) = w_3$, $w_1 = w_2 = 0$, senkrecht zur Plattenebene leiteten wir in Abschnitt B den analytischen Ausdruck (31)

$$Q_2(w,w) = \frac{1}{2}\int\limits_G \left(h(\sigma^0_{11}w^2_{x_1} + 2\sigma^0_{12}w_{x_1}\cdot w_{x_2} + \sigma^0_{22}w^2_{x_2}) + D(\Delta w)^2\right) dx_1\, dx_2 \qquad (31')$$

für die zweite Variation des elastischen Potentials her. Die LAGRANGEsche Gleichung von (31') stimmt mit der ersten Gleichung des VON-KARMAN-FÖPPLschen Systems der nichtlinearen Plattentheorie:

$$L_2(\sigma)\, w = D^+ \Delta\Delta w - F^0_{22} w_{x_1x_1} + 2F^0_{12} w_{x_1x_2} - F^0_{11} w_{x_2x_2} = 0 \tag{149}$$

nach Einführung der AIRYschen Spannungsfunktion nach

$$\sigma^0_{11} = F^0_{22}, \quad \sigma^0_{12} = -F^0_{12}, \quad \sigma^0_{22} = F^0_{11} \tag{150}$$

$$\text{mit} \quad D^+ = \frac{Eh^2}{12(1-\mathrm{m}^2)} \quad \text{überein.}$$

Hieraus folgt die bekannte Schwingungsgleichung für die gespannte Platte G:

$$\frac{\partial^2 w}{\partial t^2} = -L_2(\sigma^0)\, w = -D^+ \Delta\Delta w = F^0_{22} w_{x_1x_1} - 2\, F^0_{12} w_{x_1x_2} + F^0_{11} w_{x_2x_2}, \tag{151}$$

wenn wir der Einfachheit halber die Dichte pro Flächeneinheit gleich eins setzen. Die Platte möge sich im statisch stabilen Gleichgewichtszustand befinden, die Eigenwerte $\mu_i{}^0$ des Eigenwertproblems der eingespannten Platte

$$\begin{gathered} L_2(\sigma^0)\, w_i = \mu_i{}^0 w_i \\ w_i(s) = \frac{\partial w_i}{\partial n} = 0, \quad s \subset \mathrm{S} \end{gathered} \tag{152}$$

sind daher positiv: $0 < \mu_1{}^0 < \mu_2{}^0 < \cdots$

Wirkt auf G zur Zeit $t = 0$ ein starker Stoß senkrecht auf die Platte:

$$\begin{gathered} w^0(x) = \chi^0(x), \quad \frac{\partial w^0}{\partial t}(x) = \psi^0(x), \quad x = (x_1, x_2) \\ \operatorname{supp} \chi^0(x), \quad \psi^0(x) \subset \mathrm{G}, \end{gathered} \tag{48'}$$

der zu einer stärkeren Auslenkung der ebenen Platte mit entsprechend größeren Spannungsänderungen führt, dann ist offenbar eine Beschreibung durch die Lösung des zugehörigen Anfangswertproblems der Schwingungsgleichung (151), (48') diesem Vorgang nicht angemessen, vielmehr nur als eine erste Approximation aufzufassen. Die Übertragung unserer Methoden in Abschnitt D auf die Beschreibung größerer Auslenkungen von Platten ist im Sinne einer zweidimensionalen Theorie ohne weitere Vereinfachungen nicht zweckmäßig.

Wir wollen längs dieses Weges die zweite Variation (31') mit dem Energieausdruck (30) auch für die gebogene Platte während der Zwischenschritte zugrunde legen und deshalb von vornherein die Deformation auf den Ausgangszustand beziehen. Dies wird mit dadurch gerechtfertigt, daß die bekannten Beziehungen zwischen den Spannungen und den Ableitungen der Auslenkung $w(x)$, etwa deren Abhängigkeit von der Krümmung, auf die undeformierte Platte bezogen sind. Natürlich ist dadurch der Anwendungsbereich dieser Theorie etwas eingeschränkt, insbesondere die Ausrichtung auf starke Auslenkungen der Platte bedenklich. Es liegt bei unseren Vereinfachungen nahe, die Zustandsspannungen bei den Übergängen (157) nach der zweiten Gleichung des VON-KARMAN-FÖPPLschen Systems zu berechnen:

$$\Delta\Delta F = E(w_{x_1x_1}w_{x_2x_2} - w^2_{x_1x_2}) = h(w). \tag{32}$$

Unser Approximationsverfahren verläuft nach diesen Festlegungen wie folgt:

Nach Zerlegung des Zeitintervalls OT: $0 < t_1 < t_2 < t_3 < \cdots < t_n = T$ berechnen wir im ersten Schritt die Auslenkung $w(x, t)$ der Platte G bis zum Zeitpunkt t_1 als Lösung des Anfangswertproblems (151), (48'):

$$w^0(x, t) = \sum_k \left(B_k{}^0 \cos\sqrt{\mu_k{}^0}\, t + \frac{A_k{}^0}{\sqrt{\mu_k{}^0}} \sin\sqrt{\mu_k{}^0}\, t\right) v_k{}^0(x),$$

$v_k{}^0(x)$ sei das über $\mathrm{H}_{0,2}(\mathrm{G})$ vollständige Eigenlösungssystem von (152). Im Zeitpunkt t_1 registrieren wir die neuen Spannungen

$$\sigma^0_{ij}(x) + \tau^0_{ij}(x) = \sigma^1_{ij}(x) \tag{153}$$

der gebogenen Platte, indem wir die AIRYsche Spannungsfunktion $F^0(x)$ für die Zusatzspannungen $\tau^0_{ij}(x)$:

$$\tau^0_{11}(x) = F^0_{22}, \quad \tau^0_{12}(x) = -F^0_{12}, \quad \tau^0_{22}(x) = F^0_{11} \tag{154}$$

als Lösung der Randwertaufgabe (32) unter homogenen ersten Randbedingungen bestimmen, mit der Darstellungsformel:

$$F^0(x) = -\frac{E}{8\pi}\int_{\mathrm{G}} \mathrm{G}(x, \xi)\left(w^0_{x_1x_2}(x, t_1)^2 - w^0_{x_1x_1}(x, t_1)\, w_{x_2x_2}(x, t_1)\right) dx. \tag{155}$$

Wir berechnen im zweiten Schritt nach (63), (112) die Geschwindigkeit

$w_t(x, t - t_1) = \psi^1(x, t - t_1)$ aus dem linearen Anfangswertproblem

$$\frac{\partial^2 \psi^1}{\partial t^2}(x, t - t_1) = -L_2(\sigma^1)\, \psi^1(x, t - t_1)$$
$$\psi^1(s, t - t_1) = 0, \quad s \subset \mathrm{S} \tag{156}$$

unter den Anfangsbedingungen

$$w_t{}^1(x, 0) = \psi^1(x, 0) = w_t{}^0(x, t_1)$$
$$w_{tt}^1(x, 0) = \psi_t{}^1(x, 0) = w_{tt}^0(x, t_1)$$

$L_2(\sigma^1)$ ist ersichtlich der elliptische Operator auf der rechten Seite von (151), in welchem die neue Spannungsverteilung $\sigma_{ij}^1(x)$ eingeführt wurde.

Wir verfolgen die Bewegung weiter bis zum Zeitpunkt t_2 und erhalten dann einen neuen Deformationszustand der Platte, der durch die auf G bezogene Auslenkung

$$w^0(x, t_1) + w^1(x, t_2 - t_1) = f(x, t_2)$$
$$w^1(x, t_2 - t_1) = \int_{t_1}^{t_2} \psi^1(x, t - t_1)\, dt \tag{157}$$

mit der Spannungsverteilung

$$\sigma_{ij}^2(x) = \sigma_{ij}^1(x) + \tau_{ij}^1(x) \tag{158}$$

charakterisiert ist.

Die Zusatzspannungen $\tau_{ij}^1(x)$ berechnen wir auf Grund unserer Annahmen aus dem Randwertproblem

$$\Delta\Delta F^1(x) = h\big(f(x, t_2)\big) - h\big(f(x, t_1)\big) = h(w^0 + w^1) - h(w^0) \tag{159}$$

unter homogenen Randbedingungen der ersten Randwertaufgabe längs S:

$$\tau_{22}^1(x) = F_{11}^1, \quad \tau_{12}^1(x) = -F_{12}^1, \quad \tau_{11}^1(x) = F_{22}^1.$$

Dabei erhalten wir für die rechte Seite von (159):

$$h\big(w^0(x, t_1) + w^1(x, t_2 - t_1)\big) - h\big(w^0(x, t_1)\big)$$
$$= -2\int_0^1 (w_{x_1x_2}^0 + t w_{x_1x_2}^1)\, w_{x_1x_2}^1\, dt + \int_0^1 (w^0 + tw^1)_{x_2x_2}\, w_{x_1x_1}^1 + (w^0 + tw^1)_{x_1x_1}\, w_{x_2x_2}^1\, dt. \tag{160}$$

Offenbar entspricht die Spannungsverteilung $\sigma_{ij}^2(x)$ zur Zeit t_2 derjenigen in der Theorie der VON-KARMAN-FÖPPLschen Differentialgleichungen, die unter den Randkräften $(^{++})$ und bei der errechneten Auslenkung (157) der Platte auftritt.

Das Verfahren wird analog wie in Abschnitt D fortgesetzt. Durch Zusammenfassung der Schritte erhalten wir von der gewählten Zerlegung (n) abhängige Funktionen $f_{(n)}(x, t)$ und Spannungsverteilungen $\sigma_{(n)ij}(x, t_i)$ in den Teilpunkten t_i. Es bereitet keine Mühe, den Konvergenzbeweis aus Abschnitt D auf das vorliegende Problem zu übertragen. Da in den einzelnen Schritten keine Umtransformationen vorgenommen werden, wird vieles einfacher. Die Operatoren (32), (149) sind von vierter Ordnung. Bei Definition von P_l^2 in (126) auf Grund der Relationen (123) für die FOURIER-Koeffizienten haben wir $L_2(\sigma^l)$ in Abschnitt D sogar zweimal iteriert, um in genügend regulären Räumen zu verbleiben. Wir kommen in unserem Fall mit einer Iteration aus und beweisen Satz 6 mit dem Unterschied, daß die Abschätzung von $\psi_t{}^l(x^l, t)$ in $H_{8,2}(G^l)$ und $\psi(x^l, t)$, also auch $w(x^l, t)$ in $H_{10,2}(G^l)$ erfolgt.

Unter der Voraussetzung hinreichender Regularität der Randkräfte $(^{++})$ und des Randes S von G erhält man aus den SCHAUDERschen Abschätzungen und dem Einbettungssatz 4 sogar

$$F^l(x) \subset C^{10+\mu}(G^l),$$

also für die Spannungen $\sigma_{ij}^l(x)$ eine Abschätzung in der $C^{8+\mu}$-Norm längs der Berechnungskette (157). Die hohe Regularität, welche sich aus der Iteration von $L_2(\sigma^l)$ nach unserer Methode ergibt, legt es nahe, zu vermuten, daß wir auch ohne Iteration auskommen könnten. Geht man jedoch den Konvergenzbeweis in [13] durch, so erkennt man, daß dann Schwierigkeiten auftreten, die Ableitungen $D^2\psi_t(x^l, t)$ abzuschätzen und den Grenzwert (135) zu sichern, was zum Nachweis von (63) und damit von $D'(t) = 0$ nötig ist. Wir können den Beweis wie in Abschnitt C, [13], zu Ende führen. Die entsprechend wie in C definierten Folgen

$$f_{(n)_k}(x, t), \quad \sigma_{(n)ij}(x, t), \quad \psi_{(n)}(x, t)$$

konvergieren zumindest in $C^8(G) \times C^0(J_s)$ bzw. $C^6(G) \times C^0(J_s)$ gegen Grenzfunktionen:

$$f(x, t) \subset C^{8+\mu}(G) \times C^0(J_s); \quad \sigma_{ij}(x, t), \psi(x, t) \subset C^{6+\mu}(G) \times C^0(J_s).$$

Weiter konvergiert

$$\psi_{(n)_t}(x, t) \rightrightarrows \psi_t(x, t) \text{ zumindest } \subset C^{2+\mu}(G) \times C^0(J_s).$$

$\psi(x, t)$ ist die Geschwindigkeit und $\psi_t(x, t)$ die Beschleunigung des Teilchens x zur Zeit t nach (137). Wir erhalten schließlich:

Satz 7. Die Funktionen $f_k(x, t)$ und $\sigma_{ij}(x, t)$ beschreiben die Auslenkung bzw.

Spannungsverteilung der Platte G unter der Einwirkung des Stoßes (48′) während des Zeitraums $J_s: 0 \leqq t \leqq s < t_1$ im statisch stabilen Bereich ST. Dabei ist (31′) die zweite Variation des elastischen Potentials, und die Berechnung der Zusatzspannungen erfolgt nach der Vorschrift (159).

Um Reflexionen vom Rand S her zu unterdrücken, führen wir längs eines schmalen Randstreifens eine Dämpfungsfunktion ein und können dann wie in (144), (145) weiterschließen. –

Für große Auslenkungen der Platte ist es problematisch, die Spannungen nach der zweiten von-Karmanschen Gleichung (32) zu berechnen. Unser Näherungsverfahren und der Konvergenzbeweis in [13] erlauben es jedoch, während der Approximationskette wesentlich allgemeinere, auf die vorliegende Situation zugeschnittene Übergangsrelationen für die Spannungsänderungen und allgemeinere analytische Ausdrücke für die zweite Variation des elastischen Potentials einer stark gebogenen Platte als (31′) zu berücksichtigen. Es ist sicher nützlich, in dieser Richtung weitere theoretisch-mechanische Untersuchungen anzustellen.

Das Anfangswertproblem von Satz 7 für die dynamischen von-Karman-Föpplschen Differentialgleichungen (32), (151) ist in den letzten Jahren über die funktionalanalytische Theorie nichtlinearer Evolutionsgleichungen in Banach-Räumen untersucht worden. In [47] konstruiert J. L. Lions global schwache Lösungen für das genannte Anfangswertproblem, d. h.:

$$F(x, t), w(x, t) \subset L^\infty[(O, R), \mathrm{H}^0_{2,2}(\mathrm{G})]$$

für alle Zeiten $R > 0$. Die Regularität dieser Lösungen entlang einem Zeitintervall $\mathrm{J}: 0 \leqq t < R_{\max}$, d. h.

$$F(x, t), w(x, t) \subset \mathrm{C}^0 \left[(O, R_{\max}), D\left(T^{1+\frac{1}{8}}\right)\right], \text{ vgl. (34)},$$

beweist u. a. W. von Wahl in der interessanten Arbeit [50] unter der Voraussetzung hinreichend regulärer Anfangswerte mittels Methoden der nichtlinearen Interpolation. Bezeichnet $K(t)$ die rechte Seite von (32), dann folgt aus der Endlichkeit von $R_{\max}$:

$$\lim_{t \to R_{\max}} \|K(t)\|_{L^{1+\delta}(\mathrm{G})} \to \infty \quad \text{für jedes} \quad \delta > 0.$$

Diese bemerkenswerten Ergebnisse beweisen offenbar die Lösbarkeit des homogenen Goursat-Problems für das System der von-Karman-Föpplschen Schwingungsgleichungen unter natürlichen Voraussetzungen. Wir bemerken noch, daß bei unserer hier vorgestellten Methode nach [13] die Trägheitskräfte bei der Auslenkung der Platte voll berücksichtigt werden.

LITERATUR

[1] Achenbach, J. H.: The propagation of stress discontinuities according to the coupled equations of thermoelasticity. Acta Mech., Vol. 3 (1967).

[2] Agmon, S.; Douglis, A.; Nirenberg, L.: Estimates near the boundary for solutions of elliptic partial differential equations statisfying general boundary conditions I, II. Commun. pure and appl. Math. **12** (1959) S. 623—727; **17** (1964), S. 35—92.

[3] Ambartsumian, S. A.: On a problem of vibration of an orthotropic plate in a field of high temperature (in Russisch). Izv. Akad. Nauk SSSR, Mekh. Mashin., № 4 (1963).

[4] Antman, S. S.: Ordinary differential equations of nonlinear elasticity I, II. Arch. Rat. Mech. and Anal. **61** (1976) S. 307—351; S. 353—393.

[5] Ball, J. M.: Convexity conditions and existence theorem in nonlinear elasticity. Arch. Rat. Mech. and Anal. **63** (1976/77) S. 337—403.

[6] Beckert, H.: Eine bemerkenswerte Eigenschaft der Lösungen des Dirichletproblems bei linearen elliptischen Differentialgleichungen. Math. Ann. **139** (1960) S. 250—264.

[7] Beckert, H.: Zur Steuerung der Stabilität in elastischen Körpern, ZAMM **52** (1972) S. 617—622.

[8] Beckert, H.: On the control of stability in nonlinear mechanics. Mathematical Control Theory, Banach Center Publications, Vol. 1 (1976) S. 17—23.

[9] Beckert, H.: Über die klassischen Randwertaufgaben in der Theorie der Wärmespannungen in stückweise stetigen, anisotropen Körpern unter Kopplungsbedingungen. ZAMM **52** (1972) S. 111—122.

[10] Beckert, H.: Zur ersten Randwertaufgabe in der nichtlinearen Elastizitätstheorie. ZAMM **55** (1975) S. 47—58.

[11] Beckert, H.: Zur zweiten und dritten Randwertaufgabe in der nichtlinearen Hyperelastizitätstheorie, ZAMM **57** (1977) S. 153—164.

[12] Beckert, H.: Die mathematische Beschreibung endlicher Deformationen bei der dritten Randwertaufgabe in der nichtlinearen Elastizitätstheorie. Wiss. Z. KMU Leipzig **25** (1976) Heft 1, S. 1—9.

[13] Beckert, H.: The Initial value problem for the general dynamic equations in nonlinear elasticity theory. ZAMM **62** (1982) S. 357—369.

[14] Beckert, H.: Variationsrechnung und Stabilitätstheorie. Math. Nachr. **75** (1976) S. 47—59.

[15] Beckert, H.: Bemerkungen zur Theorie der Stabilität. Sitzber. Sächs. Akad. Wiss., Math.-Nat. Klasse **113** (1977) Heft 2, S. 3—19.

[16] Beju, I.: Theorems on existence, uniqueness and stability of the solution of the place boundary-value problem, in statics, for hyperelastic materials. Arch. Rat. Mech. and Anal. **42** (1971) S. 1–23.

[17] Berger, M. S.; Fife, P. C.: On von Karman's equations and the buckling of a thin plate. Bull. amer. math. Soc. **72** (1966) S. 1006–1011.

[18] Browder, F. E.: Nonlinear elliptic boundary value problems II. Trans. amer. math. Soc. **117** (1965) № 2.

[19] Caratheodory, C.: Reelle Funktionen, Bd. I. Leipzig: BSB B. G. Teubner Verlagsgesellschaft 1939.

[20] Boley, B. A.; Hetnarski, R. B.: Propagation of discontinuities in coupled thermoelastic problems. J. appl. Mech. **35** (1968) S. 489 ff.

[21] Friedman, A.: Partial Differential Equations of Parabolic Type. Englewood Cliffs, N: Prentice-Hall 1964.

[22] Green, A. E.; Rivlin, S.: Multipolar continuum mechanics. Arch. Rat. Mech. and Anal. **17** (1964) S. 113–147.

[23] Green, A. E.; Zerna, W.: Theoretical Elasticity, Oxford: 1954.

[24] Hestenes, M. R.: Applications of the theory of quadratic forms in Hilbert space to the calculus of variations. Pacif. J. Math. **1** (1951) S. 524–581.

[25] John, F.: Remarks on the nonlinear theory of elasticity. Semin. Ist. Naz. Alta. Math. (1962) S. 474–482.

[26] John, F.: Rotations and strain. Commun. pure and appl. Math. **14** (1961) S. 391 bis 413.

[27] John, F.: Uniquenes of nonlinear elastic equilibrium for prescribed boundary displacements and sufficiently small strains. Commun. pure and appl. Math. **25** (1972) S. 617–634.

[28] Holden, J. T.: Estimation of critical loads in elastic stability theory. Arch. Rat. Mech. Anal. **17** (1964) S. 171–183.

[29] Knightly, G. H.: An existence theorem for the von Karman equations. Arch. Rat. Mech. Anal. **27** (1967) S. 233–242.

[30] Knops, R. J., Wilkes, E. W.: Theory of elastic stability. In: S. Flügge (Hrsg.): Handbuch der Physik, Bd. VI a/3. Berlin/Heidelberg/New York: Springer Verlag 1973.

[31] Koiter, W. T.: Thermodynamics of elastic stability. Proc. IV. Canad. Congr. appl. Mech. 1973, S. 29 ff.

[32] Miersemann, E.: Verzweigungsprobleme für Variationsungleichungen. Math. Nachr. **65** (1975) S. 187–209.

[33] Miersemann, E.: Verzweigungsprobleme für Variationsungleichungen mit einer Anwendung auf die Platte. Beiträge zur Anal. **9** (1976) S. 65–70.

[34] Morrey, C. B.: Multiple Integrals in the Calculus of Variations. Berlin/Heidelberg/New York: Springer Verlag 1966.

[35] Nirenberg, L.: Estimates and existence of solutions of elliptic equations. Commun. pure and appl. Math. **9** (1956) S. 509–530.

[36] Nowinski, J. L.: Theory of thermoelasticity and applications. Sijthoff u. Nordhoff, Intern. Publ. 1978.

[37] Ogden, R. W.: Large deformations isotropic elasticity-on the correlation of theory and experiment for incompressible rubberlike solids. Proc. royal Soc. London **A 326** (1972) S. 565–584; **A 328** (1972) S. 567–583.

[38] Payne, L. E.; Weinberger, H. F.: On Korn's Inequality. Arch. Rat. Mech. and Anal. **8** (1961) S. 89ff.

[39] Rivlin, R. S.: Large deformations of isotropic materials. Philos. Trans. royal Soc. London **240** (1948) S. 491–508.

[40] Rivlin, R. S.: Stability of pure homogeneous deformations of an elastic cube under dead loading. Quart. appl. Math. **32** (1974) S. 265–272.

[41] Sensenig, C. B.: Instability of thick elastic solids. Commun. pure and appl. Math. **17** (1964) S. 451–491.

[42] Sewell, M. J.: On configuration-dependend loading. Arch. Rat. Mech. and Anal. **23** (1967) S. 327–351.

[43] Teodorescu, P.; Soos, P.: Discrete quasi-continuum and continuous models of elastic solids. ZAMM **53** (1973) S. 33–43.

[44] Trefftz, E.: Zur Theorie der Stabilität des elastischen Gleichgewichts. ZAMM **13** (1933) S. 160–165.

[45] Trefftz, E.: Über die Ableitung der Stabilitätskriterien des elastischen Gleichgewichts. Verhdl. III. Intern. Kongr. techn. Mech. Stockholm 130, S. 44–48.

[46] Truesdell, C.; Noll, W.: The Nonlinear Field Theories of Mechanics. In: S. Flügge (Hrsg.): Handbuch der Physik, Bd. II/3. Berlin/Heidelberg/New York: Springer Verlag 1965.

[47] Lions, J. L.: Quelques méthodes de resolution des problèmes aux limites non linéaires. Paris: Dunod, Gauthier-Villars 1969.

[48] Wang, W. W.; Truesdell, C.: Introduction to Rational Elasticity. Groningen: Noordhoff 1973.

[49] Kauderer, H.: Nichtlineare Mechanik. Berlin/Göttingen/Heidelberg: Springer Verlag 1958.

[50] von Wahl, W.: On nonlinear evolution equations in a Banach space and on nonlinear vibrations of the clamped plate. Bayreuther Mathematische Schriften, Heft 7, 1981.

[51] Zubov, V. I.: Methods of A. M. Ljapunow and their applications. Groningen: P. Noordhoff, 1964.

Band 113

Heft 1 Prof. Dr. ERICH LANGE, Allgemeingültige Veranschaulichung des II. Hauptsatzes
1978. 22 Seiten – 10 grafische Darstellungen – 8° – M 4,–

Heft 2 Prof. Dr. HERBERT BECKERT, Bemerkungen zur Theorie der Stabilität
1977. 19 Seiten – 8° – M 2,50

Heft 3 Prof. Dr. sc. KLAUS DÖRTER, Probleme und Erfahrungen bei der Entwicklung einer intensiven landwirtschaftlichen Produktion im Landschaftsschutzgebiet des Harzes
1978. 20 Seiten – 6 Abbildungen, davon 4 farbige auf 2 Tafeln – 2 Tabellen – 8° – M 7,–

Heft 4 Prof. Dr. sc. med. HANS DRISCHEL, Elektromagnetische Felder und Lebewesen
1978. 31 Seiten – 14 Abbildungen – 2 Tabellen – 8° – M 5,–

Heft 5 Prof. Dr. MANFRED GERSCH, Wachstum und Wachstumsregulatoren der Krebse. Biologische Erkenntnisse und generelle Erwägungen
1979. 32 Seiten – 13 Abbildungen – 1 Tabelle – 8° – M 6,–

Heft 6 Prof. Dr. rer. nat. FRIEDRICH WOLF / Dr. rer. nat. URSULA KOCH. Über den Einfluß der chemischen Struktur von Dispersionsfarbstoffen auf deren Dispersionsstabilität
1979. 18 Seiten – 3 Abbildungen – 10 Tabellen – 8° – M 3,50

Heft 7 Prof. Dr. rer. nat. FRIEDRICH WOLF / Dr. rer. nat. WOLFGANG HEYER, Zur Sorption an Tetracalciumaluminathydroxysalzen 1980. 12 Seiten – 5 Abbildungen – 4 Tabellen – 8° – M 2,–

Band 114

Heft 1 Prof. Dr. HASSO ESSBACH, Morphologisches zur orthologischen und pathologischen Differenzierung und zum Anpassungs- und Abwehrvermögen der menschlichen Placenta
1980. 19 Seiten – 12 Abbildungen – 8° – M 4,–

Heft 2 Prof. Dr. med. WERNER RIES, Risikofaktoren des Alterns aus klinischer Sicht
1980. 19 Seiten – 9 Abbildungen, davon 1 Abbildung auf Tafel – 8° – M 4,–

Heft 3 Prof. Dr. OTT-HEINRICH KELLER, Anschaulichkeit und Eleganz beim Alexanderschen Dualitätssatz
1980. 19 Seiten – 8° – M 4,–

Heft 4 Prof. Dr. rer. nat. BENNO PARTHIER, Die cytologische Symbiose am Beispiel der Biogenese von Zellorganellen 1981. 29 Seiten – 16 Abbildungen – 2 Tabellen – 8° – M 6,–

Heft 5 Prof. Dr. F. WOLF / Dr. S. ECKERT / Dr. M. WEISE / Dr. S. LINDAU, Untersuchungen zur Synthese und Anwendung bipolarer Ionenaustauschharze 1980. 12 Seiten – 6 Tabellen – 8° – M 2,–

Heft 6 Prof. Dr. med. HERBERT JORDAN, Balneobioklimatologie – Eine Zielstellung im Mensch-Umwelt-Konzept 1981. 25 Seiten – 8 Abbildungen – 1 Tabelle – 8° – M 4,–

Band 115

Heft 1 Prof. Dr. rer. nat. HERMANN BERG, Wilhelm Ostwald – Erkenntnisse über die Biosphäre
1981. 36 Seiten – 7 Abbildungen – 3 Tabellen – 8° – M 6,–

Heft 2 Prof. Dr. sc. KLAUS DÖRTER, Aphorismen zur Qualität des Bewässerungswassers
1981. 31 Seiten – 11 Abbildungen – 11 Tabellen – 8° – M 6,–

Heft 3 Prof. Dr.-Ing. Dr. rer. nat. h. c. PAUL GÖRLICH, Die geschichtliche Entwicklung des wissenschaftlichen Gerätebaus und seine zukünftige Bedeutung 1981. 36 Seiten – 8° – M 6,–

Heft 4 Prof. Dr. WOLFGANG BUCHHEIM, Albert Einstein als Wegbereiter nachklassischer Physik
1981. 29 Seiten – 8° – M 4,–

Heft 5 Prof. Dr.-Ing. HERBERT KRUG, Die Technologie der Brikettierung von Weichbraunkohle im Lichte der Verfahrenstechnik und der besseren Nutzung dieses Energieträgers
1982. 20 Seiten – 13 Abbildungen – 8° – M 3,–

Heft 6 Prof. Dr. ERNST NEEF, Der Verlust der Anschaulichkeit in der Geographie und das Problem der Kulturlandschaft 1981. 34 Seiten – 8° – M 5,–

Einzel- oder Fortsetzungsbestellungen durch eine Buchhandlung erbeten

Sitzungsberichte bis Band 108
durch das Zentralantiquariat der Deutschen Demokratischen Republik, Leipzig,
ab Band 107 durch den Akademie-Verlag, Berlin, zum Teil noch lieferbar

AKADEMIE-VERLAG

DDR-1086 Berlin, Leipziger Straße 3–4

FSC
www.fsc.org
MIX
Papier | Fördert gute Waldnutzung
FSC® C083411

Zeitfracht Medien GmbH
Ferdinand-Jühlke-Straße 7
99095 Erfurt, Deutschland
produktsicherheit@kolibri360.de